Python 数据分析与挖掘

主　编　宁玉富　汪早荣　王　娟　陈晓华

副主编　谌　帆　张　岳　杨菲菲　黄　虹

参　编　李红杰　孟媛媛　李骁晋　毛瑞娜

孙　浩

山东·青岛

图书在版编目(CIP)数据

Python 数据分析与挖掘 / 宁玉富等主编 . -- 青岛：中国石油大学出版社，2024. 5

ISBN 978-7-5636-8248-5

Ⅰ. ① P… Ⅱ. ①宁… Ⅲ. ①软件工具—程序设计—教材 Ⅳ. ① TP311. 561

中国国家版本馆 CIP 数据核字(2024)第 100314 号

书　　名：Python 数据分析与挖掘
PYTHON SHUJU FENXI YU WAJUE

主　　编：宁玉富　汪早荣　王　娟　陈晓华

责任编辑：刘玉兰(电话　0532－86981535)
责任校对：杨海连(电话　0532－86981535)
封面设计：赵志勇

出 版 者：中国石油大学出版社
(地址：山东省青岛市黄岛区长江西路 66 号　邮编：266580)
网　　址：http://cbs.upc.edu.cn
电子邮箱：eyi0213@163.com
排 版 者：青岛友一广告传媒有限公司
印 刷 者：泰安市成辉印刷有限公司
发 行 者：中国石油大学出版社(电话　0532－86983437)
开　　本：787 mm × 1 092 mm　1/16
印　　张：11.75
字　　数：298 千字
版 印 次：2024 年 5 月第 1 版　2024 年 5 月第 1 次印刷
书　　号：ISBN 978-7-5636-8248-5
定　　价：35.00 元

前言

PREFACE

习近平总书记在党的二十大报告中提出“统筹职业教育、高等教育、继续教育协同创新，推进职普融通、产教融合、科教融汇”。“深化教育领域综合改革，加强教材建设和管理。”建设高质量的职业本科教材，是培养高技能人才的重要基础和保障。本书由高校教师和企业工程师共同开发编写，目的是为职业本科学生提供实用性强、可操作性强的教材。

《“十四五”文化和旅游发展规划》指出:“加强文化和旅游数据资源体系建设，建立健全数据开放和共享机制，强化数据挖掘应用，不断提升文化和旅游行业监测、风险防范和应急处置能力，以信息化推动行业治理现代化。”本书以旅游景点为背景，介绍利用Python实现数据分析与挖掘的方法，有利于职业本科学生对知识的理解和掌握。

本书介绍了使用Python编程实现数据分析与挖掘的知识与方法，全书采用项目化形式编写，分为入门篇、准备篇、技法篇、算法篇、实战篇，共包括八个项目，内容包括初识数据分析、开发环境的搭建、旅游景点数据分析、旅游景点数据可视化、旅客聚类分析、旅客流失预测分析、国内旅游人数与旅游收入回归分析、游客画像分析实训实例。前七个项目均由多个任务组成，第八个项目是综合实训项目。各项目均以旅游为应用背景，理论与实践结合，内容丰富，应用性强。

为了适应职业教育本科课程教学的需要，本书由高校教师和企业工程师联合编写。入门篇由宁玉富、王娟、孙浩编写。准备篇由李骁晋编写。技法篇由杨菲菲、黄虹、李红杰、孟媛媛编写。算法篇由张岳、毛瑞娜编写。实战篇由汪早荣、陈晓华、谌帆编写。全书数据均由编者从相关网站或系统收集得到，相关代码均由编者调试通过。全书由宁玉富、汪早荣、王娟、陈晓华统稿。

本书可作为职业本科专业Python数据分析与挖掘相关课程的教材，也可作为

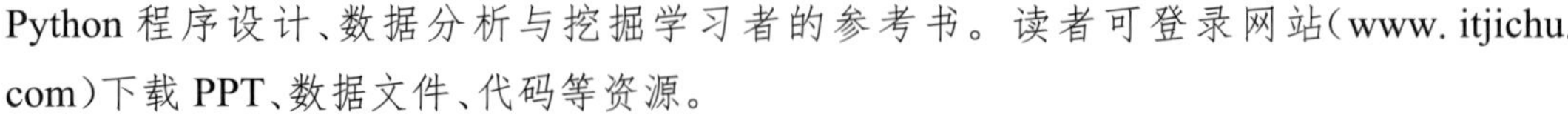

Python 程序设计、数据分析与挖掘学习者的参考书。读者可登录网站(www. itjichu. com)下载 PPT、数据文件、代码等资源。

由于编者水平有限,书中难免存在不足或错误之处,真诚希望读者通过电子邮箱(yufuning@163. com)和编者进行交流,给予批评指正。

编者

2024 年 2 月

目录
CONTENTS

—— 入门篇 ——

项目一　初识数据分析……3

任务一　“啤酒和纸尿裤”的故事……3

任务二　数据分析与数据挖掘的应用……4

任务三　数据分析与挖掘的一般步骤……6

—— 准备篇 ——

项目二　开发环境的搭建……11

任务一　Anaconda 的安装……12

任务二　Jupyter Notebook 的使用……15

任务三　Spyder 的使用……22

任务四　库 pandas、numpy、scipy 的使用……24

—— 技法篇 ——

项目三　旅游景点数据分析——numpy & pandas……31

（一）numpy……31

任务一　N 维数组创建……31

任务二　数组数据类型及转换……38

任务三　数组的访问与修改……40

任务四　numpy 数组的矢量计算……42

任务五　numpy 矩阵的创建及相关计算……46

（二）pandas ······ 50
任务六　pandas 数据结构——Series ······ 51
任务七　pandas 数据结构——DataFrame ······ 55
任务八　pandas 读写文件 ······ 60
任务九　pandas 数据清洗 ······ 65
项目四　旅游景点数据可视化 ······ 86
任务一　使用柱状图数据可视化 ······ 87
任务二　同一图形中使用多组柱状图数据可视化 ······ 92
任务三　使用折线图数据可视化 ······ 93
任务四　使用散点图数据可视化 ······ 96
任务五　使用箱线图数据可视化 ······ 97
任务六　使用饼图数据可视化 ······ 99
任务七　使用多个子图数据可视化 ······ 100

—— 算法篇 ——

项目五　旅客聚类分析 ······ 109
任务一　数据概况分析 ······ 110
任务二　数据质量分析 ······ 112
任务三　数据特征分析 ······ 114
任务四　数据预处理 ······ 115
任务五　数据分析 ······ 116
任务六　可视化 ······ 120
项目六　旅客流失预测分析 ······ 125
任务一　数据概况分析 ······ 125
任务二　数据预处理 ······ 126
任务三　热力图及相关系数分析 ······ 128
任务四　分类模型构建 ······ 129
任务五　模型评估 ······ 130
项目七　国内旅游人数与旅游收入回归分析 ······ 131
任务一　数据可视化 ······ 132
任务二　模型构建 ······ 134

—— 实战篇 ——

项目八 游客画像分析实训实例……141
实训活动一 MySQL 的安装与基本操作……143
实训活动二 实名分时预约数据采集……150
实训活动三 游客画像数据预处理……153
实训活动四 游客画像建模与清洗……160
实训活动五 游客画像数据分析……165
实训活动六 游客画像可视化……171

参考文献……180

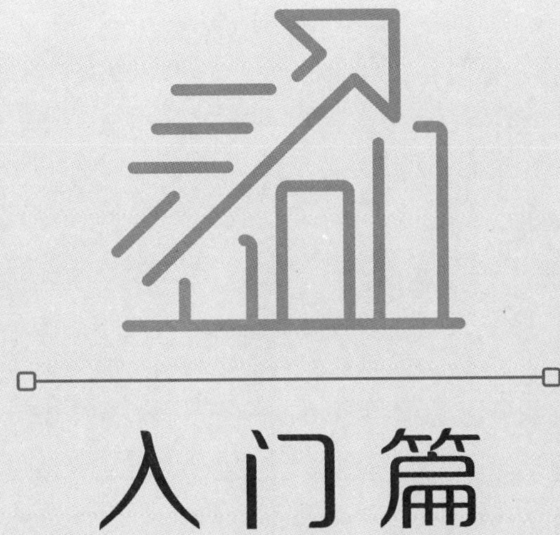

入门篇

初识数据分析

学习目标

◎ 引入“啤酒和纸尿裤”案例，了解什么是数据分析

◎ 讨论数据分析的结果给超市带来什么收益

◎ 通过案例了解数据分析的步骤

项目描述

在数据分析领域，有一个经典的案例——“啤酒和纸尿裤”。本项目由此经典案例引入，通过探讨这个案例，理解什么是数据分析，学习数据分析的一般步骤及数据分析带来的价值等问题。

任务一 “啤酒和纸尿裤”的故事

任务说明

数据分析领域一直流传着“啤酒和纸尿裤”的案例，这个案例是数据分析经典的入门案例。通过对这个案例的介绍及对案例内部原理的学习，读者能了解什么是数据分析，了解数据分析的一般步骤，了解数据分析的结果对于企业、业界的价值。本任务的具体要求如下：

◎ 了解“啤酒和纸尿裤”的案例

◎ 通过案例了解数据分析的步骤

◎ 通过案例了解数据分析的结果

◎ 通过案例了解数据分析带来的价值

知识引入

“啤酒和纸尿裤”的故事

“啤酒和纸尿裤”的故事最早出现在1998年的《哈佛商业评论》。在20世纪90年代，美国沃尔玛超市的管理人员分析销售数据时，发现了一个奇怪的现象。在一些销售数据中，啤酒和纸尿裤这两种看起来毫无关联的商品经常出现在同一条销售记录中。这种奇怪的现象引起了超市管理人员的注意，经过调查，他们发现了这种现象的几个特点：

从性别来看，购买者多为男性；

从年龄来看，购买者多为30岁左右；

从时间来看，周末出现的频率比工作日更高；

从家庭构成来看，购买者家庭里有不超过两岁的孩子；

从兴趣爱好来看，购买者喜欢边喝啤酒边看体育节目；

从电视节目安排来看，美国的体育节目多安排在周末。

在美国的家庭中，周末一般是年轻的母亲在家中照看小孩，年轻的父亲前去超市购买纸尿裤。在购买纸尿裤时，父亲往往会顺便为自己购买啤酒，这样就出现了啤酒与纸尿裤这两种看上去毫无关联的商品经常出现在同一个账单里的奇怪现象。

任务实现

1. 通过“啤酒和纸尿裤”案例，谈谈自己对数据分析的认识。
2. 探讨“啤酒和纸尿裤”案例的分析结果能给沃尔玛超市带来什么价值。

小结

数据分析就是通过一系列的数据处理，总结出数据中的可见和不可见的规律，并揭示规律的底层联系。“啤酒和纸尿裤”案例，就是通过对销售数据以及购买者的其他信息进行分析，揭示啤酒和纸尿裤这两种看起来没有任何关联的商品总会出现在周末的同一个账单里的深层原因。

任务二　数据分析与数据挖掘的应用

任务说明

随着大数据时代的到来，数据分析和数据挖掘已经应用于各行各业，旅游业是数据分析和数据挖掘应用的热门行业。本任务通过对数据分析在旅游业的应用，来学习数据分析在具体行业里的应用方法。具体要求如下：

◎ 了解旅游业数据的来源

◎ 了解旅游业数据的分析维度

◎ 了解旅游业数据分析结果的应用场景

◎ 探讨其他行业的数据来源、分析维度、应用场景

知识引入

旅游业的数据分析应用案例

在进行数据分析之前，首先要有能够用于分析的数据。数据分析的数据来源，多是相关行业的各种业务系统的业务数据、行业权威机构的数据报告等（注意，使用网络爬虫收集数据只是极少数的情况）。对于旅游业来讲，数据来源包括票务系统的订票信息、景区检票口的检票信息、游客的常规个人身份信息（实名制购票带来的居住地、性别、年龄）、游客检票到游客离开的停留时间等。

旅游业数据的应用场景。比如，2023 年的“五一”假期期间，CCTV 的新闻栏目每天都会公布全国知名景区人流量的实时信息和排名，这就是数据应用。

单个旅游景区的典型应用是实时数据大屏，根据游客的购票信息和检票信息，展示实时的入园游客数量，及游客的年龄分布、地域分布、性别分布、入园时间分布等信息，供景区运营部门实时掌握园区游客信息，动态调配服务人员、调度车船、应急预警等。

单个旅游景区的另一个常见应用是利用历史的游客数据，分析出游客的年龄分布、地域分布、时间分布、性别分布等规律，利用这些规律帮助景区制定和改进宣传、引流以及营销方案。

对于区域性的旅游集团或者地方旅游管理部门，可以对一个区域性的旅游综合体进行分析。比如，某区域内有 A、B 两个景区，根据两个景区的游客信息，能分析出游玩过 A 景区之后还会去 B 景区的游客比例，从而得出 A、B 两个景区的游客的关联性，可以给区域性旅游集团的宣传策略、地方旅游管理部门的旅游政策制定、旅行社制定地方旅游线路等提供数据支撑。

任务实现

1. 通过本任务里几个旅游业数据的来源，尝试自己列举几个其他数据来源。

2. 通过旅游业对数据分析的维度和实际应用场景，尝试自己列举几个分析维度以及分析结果的应用场景。

3. 通过对旅游业数据分析的应用，尝试列举几个其他数据分析的应用领域，并分别列举出可行的数据来源、数据分析维度、数据分析结果的应用场景。

小结

通过本任务，以旅游业数据分析的应用为例，学习数据分析的数据来源、分析维度、分析结果的应用场景，同一组数据对不同应用主体应用上的区别，引导学习者自己发现旅游业数据分析的新的数据来源、分析维度以及应用场景，并探讨其他行业的数据来源、分析维度、数据分析结果的应用等。

任务三　数据分析与挖掘的一般步骤

任务说明

通过任务一和任务二两个数据分析的应用案例，我们已经简单了解了数据分析的应用场景和一般步骤。在此任务中，我们将基于任务一和任务二，详细介绍数据分析与数据挖掘的一般步骤，探讨如何使用数据分析技术助力我国从大国到强国，新时代的数据分析从业者应该有怎样的责任担当。本任务的具体要求如下：

◎ 掌握数据分析和数据挖掘的一般步骤

◎ 剖析“啤酒和纸尿裤”案例里数据分析每个步骤的工作

◎ 剖析旅游数据分析应用场景里数据分析每个步骤的工作

◎ 了解数据分析和数据挖掘的区别

◎ 思考数据隐私等数据伦理问题

◎ 思考数据从业者和开拓者的时代责任担当

知识引入

1. 数据分析的一般步骤

数据分析一般分为数据收集、数据清洗和预处理、数据探索和可视化、数据建模和分析、结果解释、结果应用这几个步骤。

数据收集：收集需要分析的数据，包括内部和外部数据，可以通过多种途径以及第三方数据获得。一般的收集方式有业务系统的业务数据、调查问卷、数据仓库、网络爬虫等。

数据清洗和预处理：数据清洗是指对原始数据进行处理，如剔除重复数据、处理缺失值、处理异常数据等，确保数据的准确性、完整性和一致性。数据预处理指对清洗过的数据进行进一步处理，以便为后续的分析和建模做准备。数据预处理的目标是令数据具有一定的可比性和可分析性。

数据探索和可视化：解释数据分析结果，通过可视化图表（柱状图、折线图、散点图、饼图等）等工具，探索、研究数据的分布、关系、趋势等规律。

数据建模和分析：通过统计学、机器学习、业务规则等方法，对数据进行建模和分析，揭示数据中的模式、趋势和规律，探索更深层次潜在的关联规律信息。

结果解释：通过绘制图表和撰写报告等方式解释数据分析结果。

结果应用：根据分析结果制定决策和实施相关的措施，如制定营销策略、增强客户体验等，并追踪相关措施的实施结果。

2. "啤酒和纸尿裤"案例中，数据分析每个步骤的工作

数据收集：基础数据是沃尔玛超市的销售账单数据，家庭构成、兴趣爱好、电视节目爱好是额外收集的数据，这些数据在 20 世纪 90 年代一般通过调查问卷获取。

数据清洗和预处理：数据清洗操作是去除没有同时购买啤酒和纸尿裤的账单；将家庭构成、兴趣爱好、电视节目爱好作为一列或多列，合并到购物账单中以方便后续分析，这就是数据预处理操作。

数据探索和可视化：通过账单购买者的性别分布图、年龄分布图、时间分布图，能够明显地看到购买者中男性占绝大多数、年龄集中在 30 岁左右、购买时间多为周末，总结出浅层次的数据规律。

数据建模和分析：基于可视化总结出的浅层规律，再综合家庭构成、兴趣爱好、电视节目维度建模分析，分析出深层次的关联关系。

结果解释：根据 6 条分析结果，总结出啤酒和纸尿裤这两种完全没有关联的商品会同时被购买的原因，揭示数据背后的潜在关联。

结果应用：将啤酒和纸尿裤的货架摆放在一起就是采取的相关措施，啤酒和纸尿裤销量的双双上涨就是相关措施实施的结果。

3. 旅游大数据应用案例中，数据分析每个步骤的工作

数据收集：主要是业务系统的数据，如票务系统的订票信息、实名制订票的身份信息（性别、年龄、住址）、检票入园信息、游客离开信息、景区内消费总额等。此外，通过购票渠道反馈的评论、网络爬虫爬取评论信息也是数据收集的工作。

数据清洗和预处理：数据清洗的操作是去除因为设备故障或者系统 Bug 产生的空值数据；数据预处理的操作是通过检票时间和离开时间计算出游客在景区的停留时间，通过景区内的消费记录计算出人均消费等。

结果解释和可视化：通过单景区数据分析游客的年龄分布、地域分布、时间分布、性别分布等规律，通过多景区数据综合分析景区间的黏连度等信息。

数据建模和分析：通过构建分析模型，分析游客消费喜好、消费主要群体、黏连度高的景区特点等信息。

结果解释：结合景区特点，总结游客来源的分布原因、时间分布原因、消费偏好原因、景区黏连原因等，揭示数据背后的内在关联。

结果应用：定向制定旅游营销宣传策略、改善景区售卖品品类、区域旅游政策制定、多景区捆绑宣传策略、旅游团线路制定等。

4. 数据分析与数据挖掘

数据分析是指根据分析目的，用适当的统计分析方法及工具，对收集来的数据进行处理与分析，提取有价值的信息，发挥数据的作用。主要实现三大作用：现状分析、原因分析和预测分析。数据分析的目标明确，先做假设，然后通过数据分析来验证假设是否正确，从而得到相应的结论。分析过程主要采用对比分析、分组分析、交叉分析、回归分析等常用的分析方法。数据分析的结果一般是一个指标统计量结果，如总和、平均值等，这些指标数据都需要与业务结合进行解读，才能发挥出数据的价值与作用。

数据挖掘是指从大量的数据中，通过统计学、人工智能、机器学习等方法，挖掘出未知且有价值的信息和知识的过程。主要侧重解决四类问题：分类、聚类、关联和预测（定量、定性）。数据挖掘的重点在于寻找未知的模式与规律。数据挖掘的结果是输出模型或规则，并且可相应得到模型得分或标签，模型得分如流失概率值、相似度、预测值等，标签如高/中/低价值用户、流失与非流失、信用优/良/中/差等。

简单来说，数据分析一般要分析的目标比较明确，带着问题去找规律；数据挖掘是从海量数据中找到隐藏的规律，完全不确定挖掘出的是什么规律。数据分析与数据挖掘的本质是一样的，都是从数据中发现对于业务有价值的信息，从而帮助业务运营、改进产品以及做更好的决策等。

任务实现

1. 结合自己的认识，探讨两个案例中数据分析每个步骤还可能进行的工作。
2. 尝试探讨其他行业数据分析每个步骤的工作内容。
3. 基于数据分析和数据挖掘的基本概念，总结二者的异同点。
4. 数据行业是一个新兴行业，作为未来数据行业的从业者和开拓者，谈谈我们应该有什么样的时代责任和担当。
5. 探讨数据分析和数据挖掘模式下，数据隐私、数据合法化等数据伦理问题。

小结

通过本任务，学习数据分析的一般步骤，并通过前两个案例来具体剖析每个步骤的工作内容。了解数据分析和数据挖掘这两个紧密相连的概念，思考大数据背景下的数据隐私和数据安全等数据伦理问题，以及在大数据时代中数据行业的未来从业者应该有怎样的时代责任和担当。

准备篇

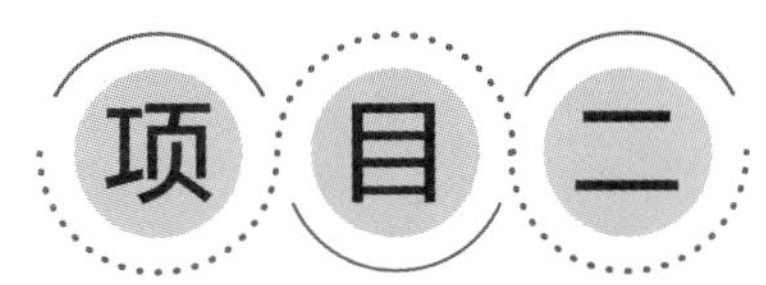

开发环境的搭建

学习目标

◎ 掌握 Ananconda 的安装方法

◎ 掌握 Jupyter Notebook、Spyder 的安装和使用

◎ 掌握扩展库 numpy、pandas 和 scipy 的使用

项目描述

孔子云:“工欲善其事,必先利其器。”在本项目的介绍中,我们采用了项目化、实例化的案例帮助读者以情境模拟辅助学习。通过本项目的学习,可以增强读者的学习兴趣,加速掌握工具的进程;通过举一反三,可以培养读者良好的学习习惯、优秀的问题解决能力,将善用“器”带入生活和工作中。

对于 Python 数据分析的学习,不仅需要掌握相关的编程语言和核心包,还需要选择合适的开发环境工具,掌握各种数据分析库的安装和使用,以提升学习和实践效率。

为顺利开展后续数据分析的理论和实操环节,本项目将介绍数据分析所需要的环境配置,以及对应的 Python 库。随着 Python 的广泛应用,基于 Python 的数据分析平台以其便利性高、扩展性强、人机交互友好等特点日益成为数据分析工作者的首选,因此,本项目将介绍基于 Python 的数据分析平台的相关基础知识及平台的搭建和配置方法。另外,本项目实践部分采用 Jupyter Notebook 编程工具来提升数据分析代码的编写、运行、调试的效率。项目最后介绍 Jupyter Notebook 和 Spyder 的常用技巧。

任务一　Anaconda 的安装

任务说明

Anaconda 可以为科学计算者提供一个完整、易于使用的编程环境，不论是安装 Python 库、编写代码，还是部署程序，都极大地提高了工作效率，是数据分析可视化的必备工具。Anaconda 的安装过程相对简单，本书采用的 Anaconda 安装包的版本为 Anaconda3 2023.03-1，可以在官网下载，也可以在清华大学开源软件镜像站 https://mirrors.tuna.tsinghua.edu.cn/anaconda/archive/ 下载，下载后双击安装文件，按提示进行安装即可。本任务的具体要求如下：

◎ 在浏览器中进入 Anaconda 的官网，根据自己的操作系统选择指定版本的安装包，并下载

◎ 双击安装包，根据提示完成 Anaconda 的安装

◎ 安装完成后，可以查看已安装的应用程序的管理和部署，以及安装和更新的 Python 模块

知识引入

Anaconda 的简介

Anaconda 是一个安装、管理 Python 相关包的软件，还自带 Python、Jupyter Notebook、Spyder，有管理包的 conda 工具。Anaconda 附带了一大批常用的数据科学包，包含 conda、Python 在内的超过 180 个科学包及其依赖项。Anaconda 可用于 Windows、Mac OS 和 Linux 等操作系统。

Anaconda 已经包含 Python 和相关的配套工具，程序使用的默认 Python 是 Anaconda 附带的 Python，所以安装完 Anaconda 后已经自带安装好的 Python，不需要再安装 Python。

任务实现

（1）在浏览器中打开 Anaconda 的官网 https://www.anaconda.com/，如图 2-1 所示。单击“Get Additional Installers”，根据自己的操作系统进行选择，这里我们选择 Win10 64 位操作系统，Anaconda 版本为 Anaconda3 2023.03-1。

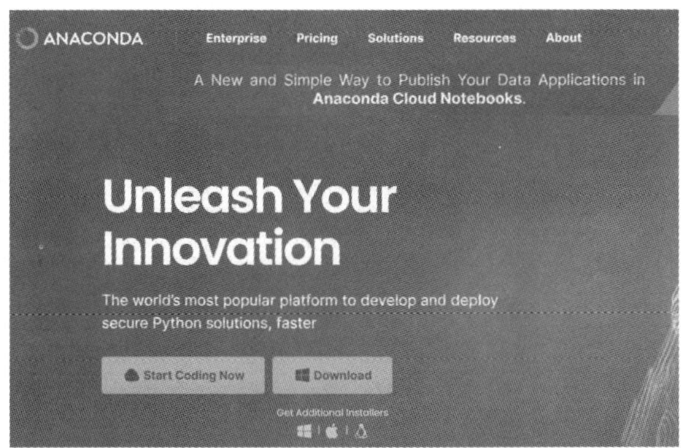

图 2-1　Anaconda 官网

（2）下载好了之后双击安装包，打开安装界面，如图 2-2 所示。

图 2-2　Anaconda 安装界面（一）

（3）单击 “Next”，打开图 2-3 所示界面，然后单击 “I Agree” 同意协议。

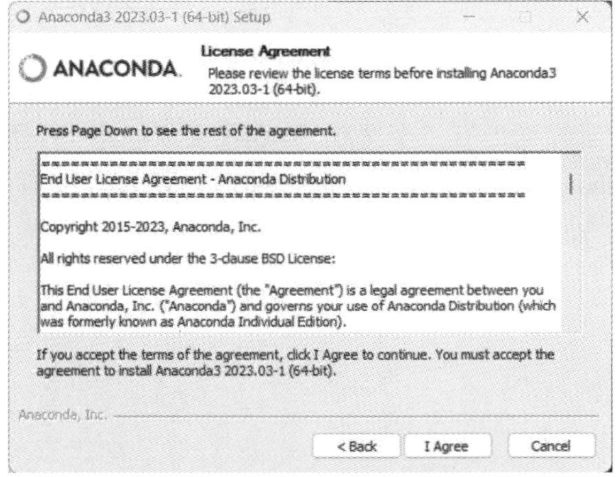

图 2-3　Anaconda 安装界面（二）

（4）同意协议后，将打开图 2–4 所示界面，选择 “All Users（requires admin privileges）”，然后单击 “Next”。

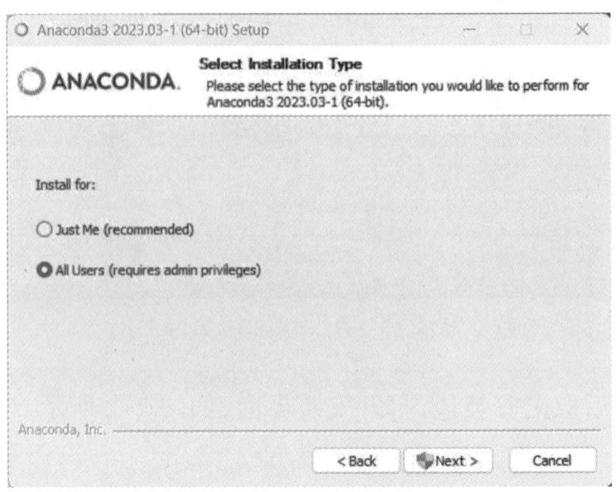

图 2-4　Anaconda 安装界面（三）

（5）在图 2–5 所示界面设置好安装目录后，单击 “Next”。

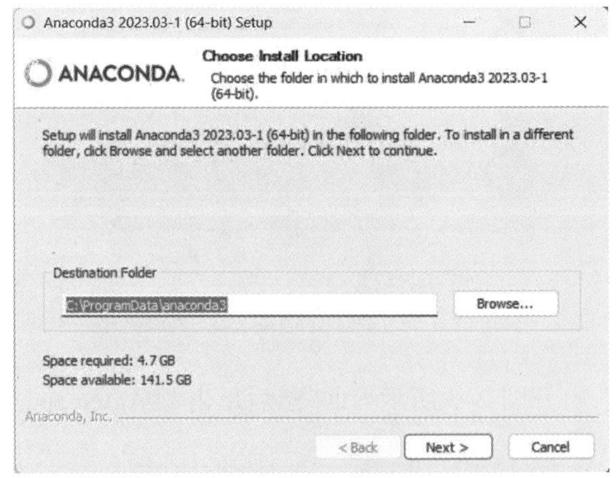

图 2-5　Anaconda 安装界面（四）

（6）在图 2–6 所示界面上有三个选项，分别代表了创建 “开始” 菜单的快捷方式、使用系统默认的 Python 3.10 和清除安装过程中产生的缓存文件。全部勾选后，单击 “Install” 按钮，等待安装结束（此过程可能要花费一段时间）。

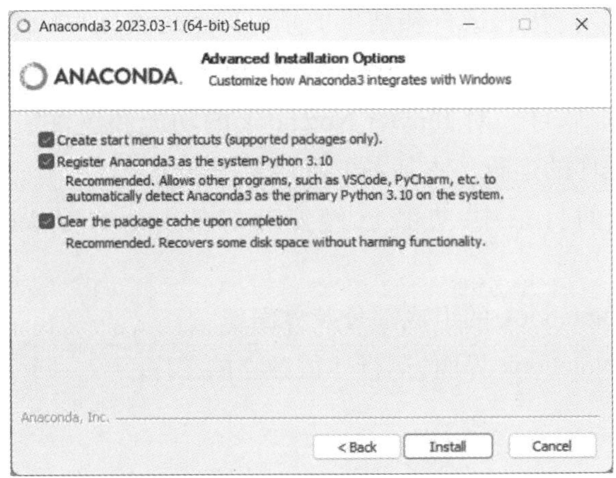

图 2-6　Anaconda 安装界面（五）

（7）安装完毕，将出现图 2-7 所示界面，单击“Finish”按钮完成 Anaconda 安装。

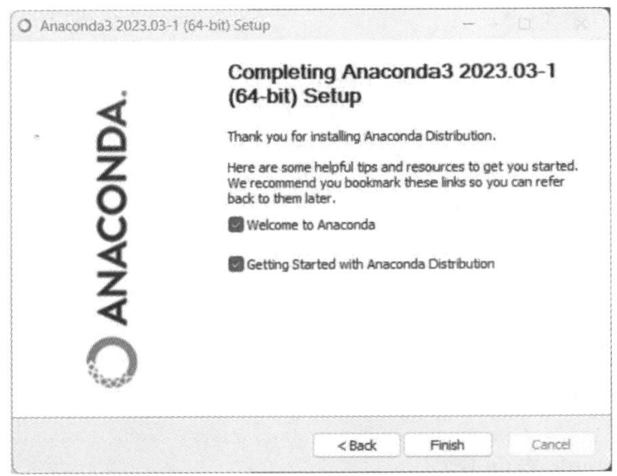

图 2-7　Anaconda 安装完成界面

小结

Anaconda 包含了标准的 Python 安装包，以及多个测试计算常用的模块，可以用于大规模的数据处理、预测分析、科学计算和机器学习。

任务二　Jupyter Notebook 的使用

任务说明

Jupyter Notebook 是基于网页的用于交互计算的应用程序，其可被应用于全过程计算、程序开发、文档编写、代码运行和结果展示。Jupyter Notebook 可以在网页页面中直接编写和运行代码，代码的运行结果也会直接在代码块下显示。Anaconda 安装完成后，自带 Jupyter Notebook 软件。对 Jupyter Notebook 的功能和组件进行了解，通过 Jupyter Notebook 完成相关程序的运行。本任务的具体要求如下：

◎ 在 Anaconda 的目录中，查找已经安装好的 Jupyter Notebook，并启动 Jupyter Notebook

◎ 了解 Jupyter Notebook 的组成部分及界面

◎ 打开 Jupyter Notebook 界面，运行一段独立的程序

知识引入

1. Jupyter Notebook 简介及其组成部分

Jupyter Notebook 是基于网页的用于交互计算的应用程序，可被应用于程序开发、文档编写、代码运行和结果展示。

（1）网页应用：

网页应用即基于网页形式的结合了编写说明文档、数学公式、交互计算和其他富媒体形式的工具。简言之，网页应用是可以实现各种功能的工具。

（2）文档：

即 Jupyter Notebook 中所有交互计算、编写说明文档、数学公式、图片以及其他富媒体形式的输入和输出都是以文档的形式体现的。这些文档保存为扩展名为 .ipynb 的 JSON 格式文件，不仅便于版本控制，也方便与他人共享。此外，文档还可以导出为 HTML、LaTeX、PDF 等格式。

2. Jupyter Notebook 界面介绍

Jupyter Notebook 界面由菜单栏、工具栏和单元格三部分组成，如图 2-8 所示。

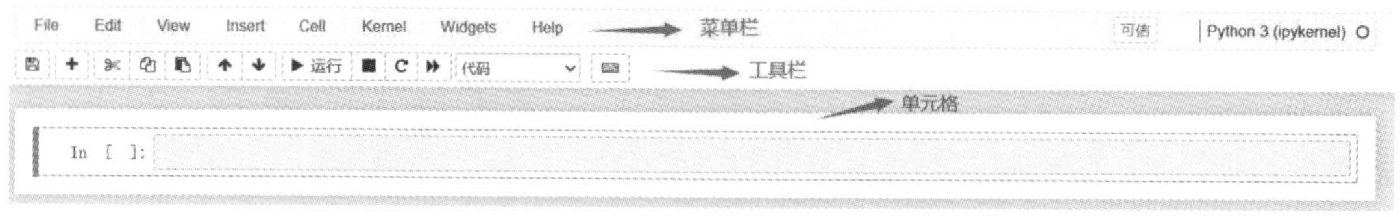

图 2-8 Jupyter Notebook 界面结构

（1）菜单栏。

① File：此菜单中的选项包括选择内核以启动新笔记本、将用户带到仪表板以选择要打开的笔记本、保存当前笔记本并启动新内核、重命名当前笔记本、保存当前笔记本并存储当前检查点、以不同文件格式导出笔记本等。

② Edit：此菜单中的选项包含剪切、复制和粘贴单元格，删除所选单元格，拆分和合

并单元格，上下移动单元格，在笔记本中查找和替换，剪切/复制附件以及插入图像的按钮等。

③ View：此菜单中的按钮可以隐藏/显示标题、工具栏和单元格编号。

④ Insert：此菜单为可在当前单元格之前或之后插入单元格。

⑤ Cell：此菜单中的选项使用户可以运行笔记本中的所有或特定单元格。

⑥ Kernel：此菜单中的选项可以使用户启动、中断、重新启动或关闭内核。

⑦ Widgets：此菜单中的选项可以保存、清除、下载或嵌入窗口小部件状态。

⑧ Help：此菜单中的选项可以显示各种预定义的键盘快捷键，编辑快捷方式。

（2）工具栏。

工具栏中的功能在菜单中都可以实现，设立工具栏，将一些常用按钮放在此处，是为了能更快捷地操作。对工具栏中各按钮的功能的解释见表 2-1。

表 2-1　工具栏中的按钮及其功能

按　钮	功　能	按　钮	功　能
	保存文件		增加单元格
	剪切单元格		粘贴单元格
	粘贴到下面		上移单元格
	下移单元格	▶ 运行	运行代码
	终止运行代码		重启内核
	重启内核，然后重新运行整个 Notebook	代码	包括代码、Markdown、原生 NBConvert、标题

（3）单元格类型。

Jupyter Notebook 中的 Notebook 文档主要有两种形式的单元格：代码单元格和 Markdown 单元格。其中代码单元格是用户编写代码的地方，左边有 “In[ ]:” 编号，方便使用者查看代码的执行次序。通过按 Shift+Enter 组合键运行代码，其结果显示在本单元格下方。Markdown 单元格可对文本进行编辑，设置文本格式，插入链接、图片甚至数学公式。Jupyter Notebook 的 Markdown 单元格功能较多，下面从标题、列表、字体、快捷键多个方面进行介绍。

① 标题。对于章节等需要使用不同级别的标题，Markdown 单元格中的文本以符号 “#” 开头。一般在首行前加一个 “#” 代表一级标题，加两个 “#” 代表二级标题，依此类推，6 个 “#” 将呈现最小字体大小的标题，如图 2-9 所示。

注意：“#” 后面有空格。

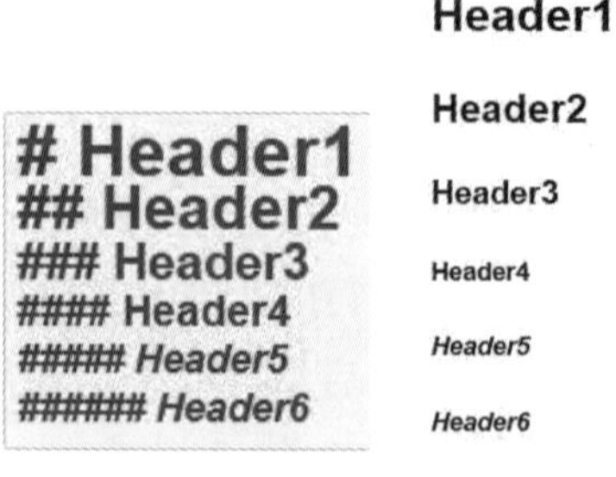

图 2-9　标题

② 列表。列表是一种由数据项构成的有限序列，即按照一定的线性顺序排列而成的数据项的集合。列表一般分为两种：一种是无序列表，使用一些图标标记，没有序号，没有排列顺序；另一种是有序列表，使用数字标记，有排列顺序。Markdown 对于无序列表，可使用星号、加号或减号作为列表标记；对于有序列表，则使用数字加“.”和“ ”（一个空格）表示，如图 2-10 所示。

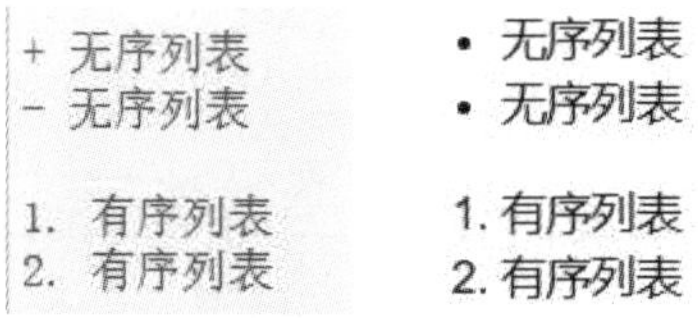

+ 无序列表
- 无序列表

1. 有序列表
2. 有序列表

• 无序列表
• 无序列表

1. 有序列表
2. 有序列表

图 2-10　列表

③ 字体。文档中为了凸显部分内容，一般对其使用加粗或斜体格式，使得该部分内容更加醒目。通常使用星号“*”和下划线“_”作为标记字词的符号，前后各有两个星号或下划线表示加粗，前后各有 3 个星号或下划线表示斜体，如图 2-11 所示。

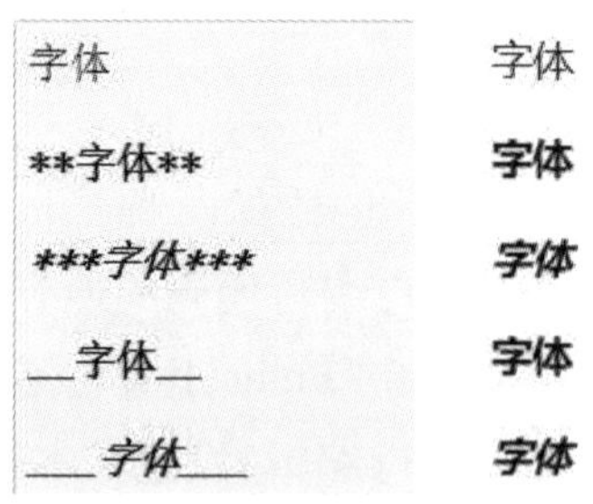

图 2-11　字体

④ 快捷键。单元格有编辑模式和命令行模式，并用不同的颜色表示。绿色外框表示编辑模式，蓝色外框表示命令行模式。当单元格处于编辑模式时，常用的快捷键见表 2-2。

表 2-2　编辑模式快捷键

快捷键	功　能	快捷键	功　能
Tab	代码补全或缩进	Ctrl+A	全选
Ctrl+Z	撤销	Ctrl+End	跳到单元格最后
Ctrl+/	注释	Ctrl+D	删除整行

当单元格处于命令行模式时，常用的快捷键见表 2-3。

表 2-3　命令行模式快捷键

快捷键	功　能	快捷键	功　能
Enter	进入编辑模式	Shift+Enter	运行单元格，选择下面的单元格
Alt+Enter	运行单元格并且在下面插入单元格	Ctrl+S	保存并建立检查点
H	显示键盘快捷键		

任务实现

1. Jupyter Notebook 设定标题

（1）在 Markdown 编辑模式下输入图 2-12 中所示内容。

图 2-12　设定标题（一）

（2）单击“运行”或按 Shift+Enter 键，结果如图 2-13 所示。

python数据分析工具：

1. numpy
2. pandas
3. matplotlib
4. notebook

图 2-13　设定标题（二）

2. Jupyter Notebook 运行代码

（1）在安装好 Anaconda 后，打开 Anaconda 目录，如图 2-14 所示，找到“Jupyter Notebook（anaconda 3）”，并单击。

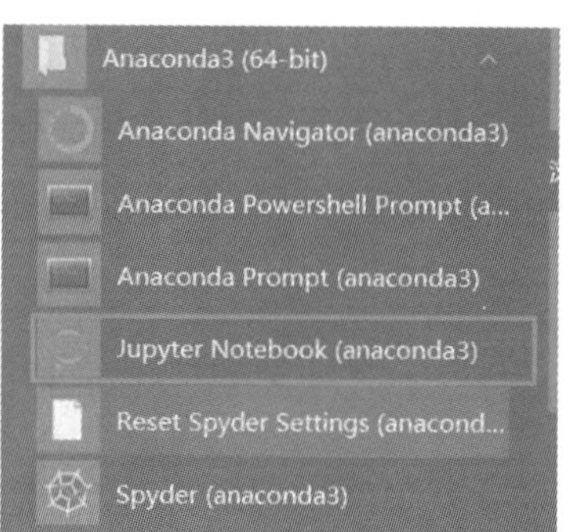

图 2-14　Anaconda 目录

（2）启动 Jupyter Notebook 后会出现一个控制台服务窗口，在窗口中会出现网址，如图 2-15 所示。

```
Jupyter Notebook (anaconda3)
[W 2022-10-08 11:39:10.313 LabApp] 'notebook_dir' has moved from NotebookApp to ServerApp. This config will be passed to
 ServerApp. Be sure to update your config before our next release.
[W 2022-10-08 11:39:10.313 LabApp] 'notebook_dir' has moved from NotebookApp to ServerApp. This config will be passed to
 ServerApp. Be sure to update your config before our next release.
[I 2022-10-08 11:39:10.328 LabApp] JupyterLab extension loaded from C:\Users\Administrator\anaconda3\lib\site-packages\j
upyterlab
[I 2022-10-08 11:39:10.328 LabApp] JupyterLab application directory is C:\Users\Administrator\anaconda3\share\jupyter\la
b
[I 11:39:10.334 NotebookApp] Serving notebooks from local directory: C:\Users\Administrator
[I 11:39:10.334 NotebookApp] Jupyter Notebook 6.3.0 is running at:
[I 11:39:10.334 NotebookApp] http://localhost:8888/?token=002d18a5c6e2d6af00a63d88f87a83c2097453286aec221f
[I 11:39:10.334 NotebookApp]  or http://127.0.0.1:8888/?token=002d18a5c6e2d6af00a63d88f87a83c2097453286aec221f
[I 11:39:10.334 NotebookApp] Use Control-C to stop this server and shut down all kernels (twice to skip confirmation).
[C 11:39:10.440 NotebookApp]

    To access the notebook, open this file in a browser:
        file:///C:/Users/Administrator/AppData/Roaming/jupyter/runtime/nbserver-2088-open.html
    Or copy and paste one of these URLs:
        http://localhost:8888/?token=002d18a5c6e2d6af00a63d88f87a83c2097453286aec221f
     or http://127.0.0.1:8888/?token=002d18a5c6e2d6af00a63d88f87a83c2097453286aec221f
```

图 2-15　Jupyter Notebook 控制台服务窗口

（3）复制该网址，在浏览器中打开网页，然后单击右上角的“New”，选择“Python 3”，会出现一个新的窗口，如图 2-16 所示。

图 2-16　Jupyter Notebook 界面

（4）在该窗口中可以自行编写代码、运行程序，页面上的每一个单元格称为一个 Cell，在每个 Cell 中可以编写一段独立运行的代码。在方框中输入“print("Hello World")”，单击“运行”按钮，出现运行结果，证明安装成功，如图 2-17 所示。

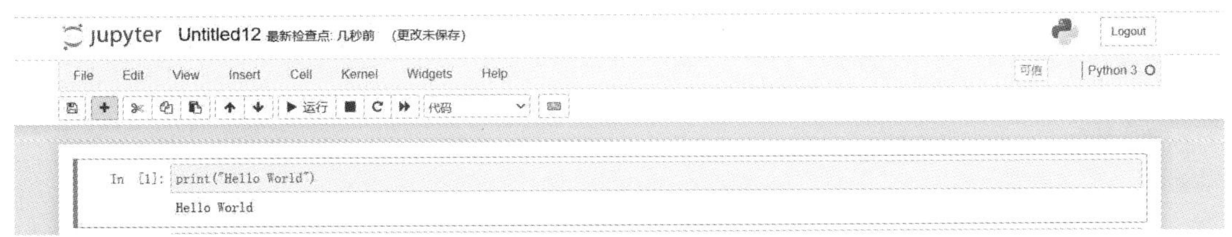

图 2-17　运行结果

3. Jupyter Notebook 代码保存

Jupyter Notebook 可以将工作簿保存为不同格式的文件，方便相互之间进行共享，常用的保存格式为 IPYNB。方法为：单击“File”→“Download as”→“Notebook(.ipynb)”，如图 2-18 所示。

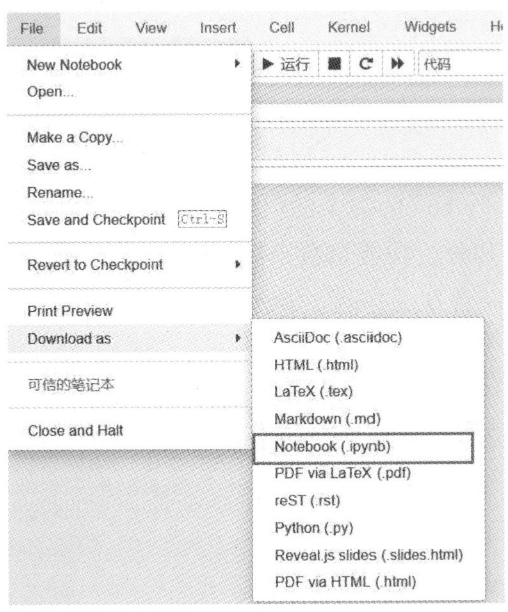

图 2-18　Jupyter Notebook 代码保存

小结

Anaconda 自带 Jupyter Notebook，安装好 Anaconda 后，即可从列表中找到 Jupyter Notebook。Jupyter Notebook 是一款十分方便的代码编写工具，只需要通过 Web 浏览器就可以很方便地进行数据清洗和转换、数值模拟、统计建模、数据可视化、机器学习等。

任务三　Spyder 的使用

任务说明

Spyder是一个强大的交互式Python语言开发环境，提供高级的代码编辑、交互测试、调试等特性，支持的系统包括 Windows、Linux 和 Mac OS X。Anaconda 安装完成后，自带 Spyder 软件。对 Spyder 的功能和组件进行了解，通过 Spyder 完成相关程序的运行。本任务的具体要求如下：

◎ 在 Anaconda 的目录中，查找已经安装好的 Spyder，并启动 Spyder

◎ 了解 Spyder 的组成部分及界面

◎ 打开 Spyder 界面，运行一段独立的程序

知识引入

Spyder 简介

Spyder 是一个基于 Python 的强大的科学计算集成开发环境，将综合开发工具的高级编辑、性能分析、调试和分析功能与数据探索、交互式执行、深度检查功能以及科学软件包的美观可视化功能结合在了一起。Spyder 的界面如图 2-19 所示。

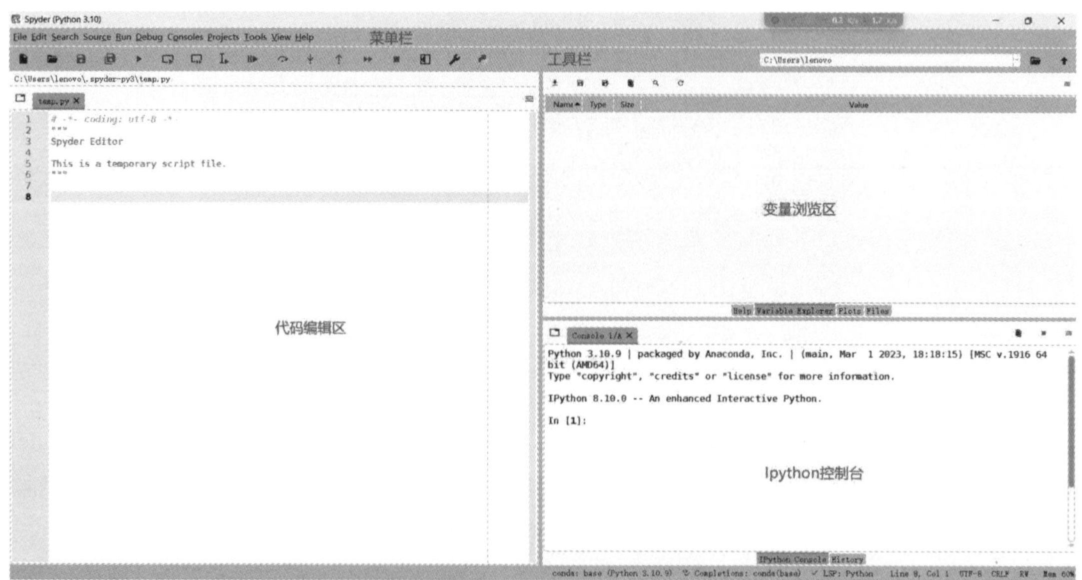

图 2-19　Spyder 的界面

代码编辑区：位于 Spyder 界面的左边，主要用于编写代码文件。

变量浏览器：位于 Spyder 界面的右上部。双击对应的变量行，可以通过弹出新的窗口查看变量中的所有数据。

IPython 控制台：位于 Spyder 界面的右下部，是 Spyder 的核心执行单元，执行文件式编程和交互式编程。最重要的功能是与用户进行交互，用户可以快速验证代码运行结果是否符合预期。

菜单栏：显示可用于操纵 Spyder 各项功能的不同选项。

工具栏：通过单击图标可快速执行 Spyder 中最常用的操作，将鼠标悬停在某个图标上可以获取该图标的功能说明。

任务实现

（1）安装好 Anaconda 后，打开 Anaconda 菜单，如图 2–20 所示，找到 “Spyder” 并单击。

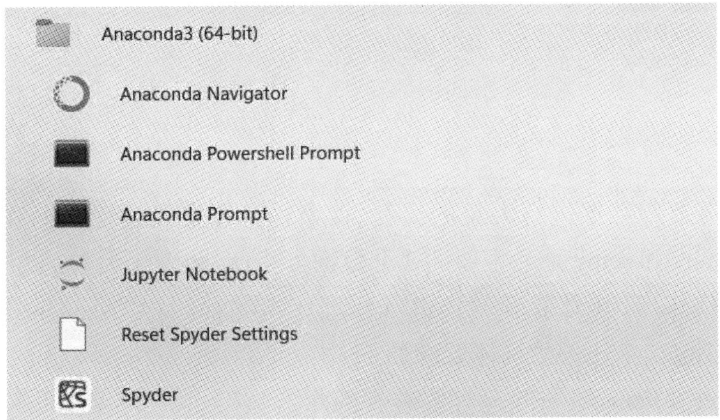

图 2–20　Anaconda 菜单

（2）启动 Spyder 后，单击菜单栏 “File” → “New File”，将新建一个名为 untitled0.py 的文件，然后在文件中写入 “print("hello,world!")”，如图 2–21 所示。

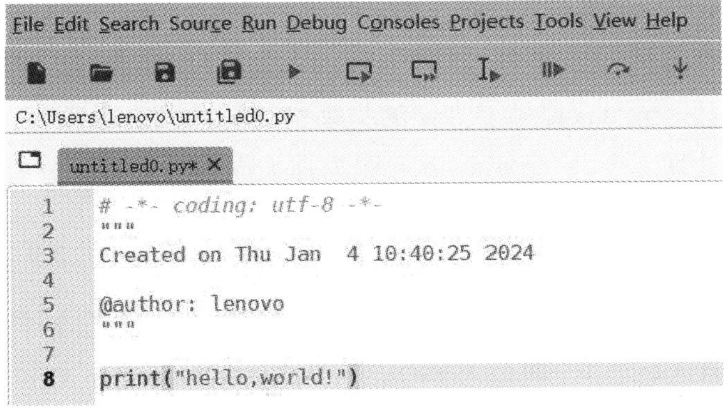

图 2–21　写入代码

（3）在控制台中出现“hello,world!”，如图 2-22 所示。

```
In [1]: runfile('C:/Users/lenovo/untitled0.py', wdir='C:/Users/lenovo')
hello,world!
```

图 2-22　Spyder 控制台

小结

Anaconda 自带 Spyder，安装好 Anaconda 后，可以从列表中找到 Spyder。Spyder 是一个用于科学计算的使用 Python 编程语言的集成开发环境（IDE）。它结合综合开发工具的高级编辑、性能分析、调试和分析功能以及数据探索、交互式执行、深度检查功能和科学包的可视化功能，为用户带来了很大的便利。

任务四　库 pandas、numpy、scipy 的使用

任务说明

数据分析需要与数据进行大量的交互、探索性计算以及过程数据和结果的可视化等。pandas、numpy 和 scipy 是最主要的 3 个数据分析库，包含了大量的专用函数和算法。Anaconda 安装完成后，其自带很多 Python 标准库，我们可以在 Anaconda 中查找安装库及相关软件安装包。本任务的具体要求如下：

启动 Jupyter Notebook，查找已经安装好的库。

知识引入

pandas、numpy、scipy 的简介

（1）pandas。

pandas 是 Python 的一个开源工具包，为 Python 提供了高性能、简单易用的数据结构和数据分析工具。pandas 提供了方便的类表格的统计操作和类 SQL 操作，可以方便地做一些数据预处理工作，它是使 Python 成为强大而高效的数据分析环境的重要因素之一。

（2）numpy。

numpy 是 Python 处理数组和矢量运算的工具包，是进行高性能计算和数据分析的基础，是 pandas、scikit-learn（简称 sklearn）和 matplotlib 的基础。numpy 提供了对数组进行快速运算的标准数学函数，并且提供了各种派生对象（如掩码数组和矩阵），以及用于数组快速操作的各种 API，包括数学、逻辑、形状操作、排序、选择、输入/输出、离散傅

里叶变换、基本线性代数、基本统计运算和随机模拟等。

(3)scipy。

scipy 是著名的 Python 开源科学计算库，是基于 numpy 构建的一个集成了多种数学算法和方便的函数的 Python 模块。它增加的功能包括数值积分、最优化、统计和一些专用函数。

表 2-4 列出了这三个库的简介及本书所用版本。

表 2-4 pandas、numpy 及 scipy 简介及本书所用版本

扩展库	简介	本书使用的版本
pandas	提供强大、灵活的数据分析和探索工具	1.5.3
numpy	提供数组支持和相应的高效处理函数	1.23.5
scipy	提供丰富的数学优化、统计分析、信号处理和插值功能	1.10.0

任务实现

查看扩展库 pandas、numpy、scipy 的版本

打开 Anaconda Prompt，输入“pip list”，可以看到 pandas、numpy、scipy 等库均已安装，如图 2-23、图 2-24、图 2-25 所示。

```
Anaconda Powershell Prompt
munkres                 1.1.4
mypy-extensions         0.4.3
navigator-updater       0.3.0
nbclassic               0.5.2
nbclient                0.5.13
nbconvert               6.5.4
nbformat                5.7.0
nest-asyncio            1.5.6
networkx                2.8.4
nltk                    3.7
notebook                6.5.2
notebook_shim           0.2.2
numba                   0.56.4
numexpr                 2.8.4
numpy                   1.23.5
numpydoc                1.5.0
openpyxl                3.0.10
packaging               22.0
pandas                  1.5.3
pandocfilters           1.5.0
panel                   0.14.3
param                   1.12.3
paramiko                2.8.1
parsel                  1.6.0
parso                   0.8.3
partd                   1.2.0
pathlib                 1.0.1
pathspec                0.10.3
patsy                   0.5.3
pep8                    1.7.1
```

图 2-23 pandas 库

```
Anaconda Powershell Prompt
munkres                    1.1.4
mypy-extensions            0.4.3
navigator-updater          0.3.0
nbclassic                  0.5.2
nbclient                   0.5.13
nbconvert                  6.5.4
nbformat                   5.7.0
nest-asyncio               1.5.6
networkx                   2.8.4
nltk                       3.7
notebook                   6.5.2
notebook_shim              0.2.2
numba                      0.56.4
numexpr                    2.8.4
numpy                      1.23.5
numpydoc                   1.5.0
openpyxl                   3.0.10
packaging                  22.0
pandas                     1.5.3
pandocfilters              1.5.0
panel                      0.14.3
param                      1.12.3
paramiko                   2.8.1
parsel                     1.6.0
parso                      0.8.3
partd                      1.2.0
pathlib                    1.0.1
pathspec                   0.10.3
patsy                      0.5.3
pep8                       1.7.1
```

图 2-24　numpy 库

```
Anaconda Powershell Prompt
regex                      2022.7.9
requests                   2.28.1
requests-file              1.5.1
requests-toolbelt          0.9.1
rope                       1.7.0
Rtree                      1.0.1
ruamel.yaml                0.17.21
ruamel.yaml.clib           0.2.6
ruamel-yaml-conda          0.17.21
scikit-image               0.19.3
scikit-learn               1.2.1
scikit-learn-intelex       20230228.214818
scipy                      1.10.0
Scrapy                     2.8.0
seaborn                    0.12.2
Send2Trash                 1.8.0
service-identity           18.1.0
setuptools                 65.6.3
sip                        6.6.2
six                        1.16.0
smart-open                 5.2.1
sniffio                    1.2.0
snowballstemmer            2.2.0
sortedcontainers           2.4.0
soupsieve                  2.3.2.post1
Sphinx                     5.0.2
sphinxcontrib-applehelp    1.0.2
sphinxcontrib-devhelp      1.0.2
sphinxcontrib-htmlhelp     2.0.0
sphinxcontrib-jsmath       1.0.1
```

图 2-25　scipy 库

小结

扩展库 pandas、numpy、scipy 是 Python 支持科学计算的重要扩展库，安装好三大扩展库，为后面项目的学习打下良好的基础。

练一练

一、选择题

（1）Jupyter Notebook 常规保存下，文件的扩展名是(　　)。

A. np　　B. py　　C. pyc　　D. ipynb

（2）下列关于 Ananconda 的描述错误的是(　　)。

A. Anaconda 支持 Windows 和 Linux 系统

B. Anaconda 支持并集成了 800 多个第三方库

C. Anaconda 不是一个集成开发环境

D. Anaconda 是免费的，适合数据分析相关工作人员安装使用

（3）在 Anaconda 程序组中，能查看工作环境安装了哪些 Python 工具包的工具是(　　)。

A. Jupyter Notebook　　B. Anaconda Prompt

C. Spyder　　D. Anaconda Navigator

拓展园地

信创操作系统——麒麟

党的二十大报告指出，教育、科技、人才是全面建设社会主义现代化国家的基础性、战略性支撑。坚持科技自立自强。信创产品涵盖芯片、服务器、操作系统等核心技术，直接关系到国家信息安全和自主可控。信创产业由“硬信创”和“软信创”驱动。“硬信创”以政府政策为主导，确保核心技术自主可控。“软信创”则着重价值驱动，通过产品创新满足市场需求，实现技术和应用突破。国产信创操作系统有麒麟、统信、鸿蒙等。

麒麟软件有限公司（简称麒麟软件）是中国电子旗下科技企业，2019 年 12 月由天津麒麟信息技术有限公司和中标软件有限公司强强整合而成。麒麟软件以安全可信操作系统技术为核心，面向通用和专用领域打造安全创新操作系统产品，现已形成桌面操作系统、服务器操作系统、智能终端操作系统、嵌入式操作系统、云操作系统产品等为代表的产品线，达到国内最高的安全等级，全面支持飞腾、鲲鹏、龙芯等国产主流 CPU，在系统安全、稳定可靠、好用易用和整体性能等方面具有领先优势，并为党政、行业信息化及国家重大工程建设提供安全可信的操作系统支撑。根据赛迪顾问统计，麒麟软件旗下操作系统产品连续 12 年位列中国 Linux 市场占有率第一名。

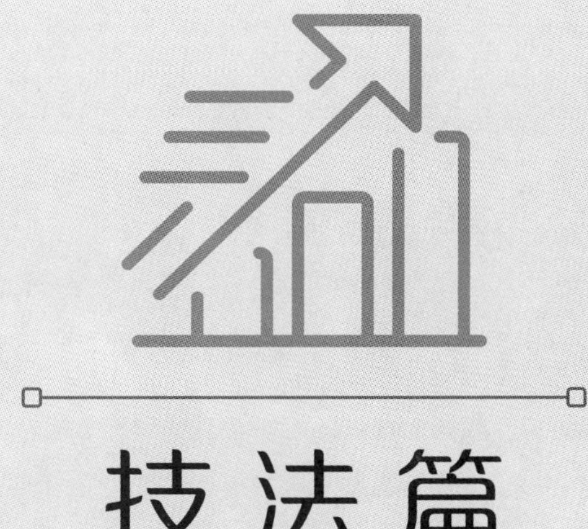

技法篇

旅游景点数据分析——numpy & pandas

（一）numpy

学习目标

◎ 能够创建 N 维数组
◎ 能够进行数组的索引与切片
◎ 能够利用常用函数进行数组内部和数组间的计算
◎ 能够利用常用的统计分析、矩阵计算、函数简单处理数据
◎ 培养科学计算和数据分析的能力

项目描述

numpy（Numerical Python）是 Python 语言的一个扩展程序库，是利用 Python 进行科学计算的基础软件包，能够被用作高效的多维数据容器，支持大量的维度数组与矩阵运算，也针对数组运算提供大量的数学函数库。

任务一　N 维数组创建

任务说明

山东省旅游景点 A、B、C、D 连续 7 天的游客人数统计情况见表 3–1。按下列要求创建数组。

表 3-1　山东省旅游景点 A、B、C、D 连续 7 天的游客人数

（单位：人）

景点	第 1 天	第 2 天	第 3 天	第 4 天	第 5 天	第 6 天	第 7 天
A	102	145	88	78	145	98	235
B	118	188	150	89	97	153	218
C	127	125	174	98	245	213	198
D	278	99	156	300	279	298	200

【任务 1.1】在 Python 中导入 numpy 模块，将表 3–1 中景点 A 连续 7 天的游客人次直接以一维数组的数据结构输入，并输出查看。

【任务 1.2】创建二维数组存储表 3–1 中景点 A、B、C、D 连续 7 天的游客人数，并输出查看数组及数组属性。

【任务 1.3】将表 3–1 中景点 B 连续 7 天的游客人次先以列表的方式输入，然后利用 array 函数将列表转化为一维数组。

【任务 1.4】将表 3–1 中景点 C、D 连续 7 天的游客人次先以列表的方式输入，然后利用 array 和 reshape 函数将列表转化为二维数组并输出查看。

【任务 1.5】快速生成 1 到 100 且步长为 20 的整数数组 Num_1 和 1 到 100 之间元素个数为 20 的等差数组 Num_2，以及 1（10^0）到 100（10^2）之间的 20 个元素的等比数列。

【任务 1.6】先创建一个与数组 Num_CD 形状、维度相同的空二维数组 Num_empty，再将数组 Num_CD 赋值给 Num_empty。

【任务 1.7】依次创建一个与数组 Num_CD 形状、维数相同的全是 0 和 1 的二维数组。

【任务 1.8】生成 [0，1] 之间的 10 个的随机数。

知识引入

1. 数组属性

由于 Pyhton 提供的 array 模块不支持多维，也没有各种运算函数，因此不适合做数值运算。numpy 提供了一种存储单一数据类型的多维数组——ndarray（n–dimensional–array object）。

在 numpy 中，每一个线性的数组称为一个轴（Axis），也就是一个维度（Dimensions），维度的数量称为秩（Rank）。numpy 的数组中比较常用的 ndarray 对象属性见表 3–2。

表 3-2　ndarray 对象属性

属　性	说　明
ndarray.ndim	秩，即轴的数量或维度的数量
ndarray.shape	数组的维度，对于矩阵，n 行 m 列

续表

属　性	说　明
ndarray.size	数组元素的总个数，相当于 .shape 中 $n*m$ 的值
ndarray.dtype	ndarray 对象的元素类型
ndarray.itemsize	ndarray 对象中每个元素的大小，以字节为单位
ndarray.flags	ndarray 对象的内存信息

2. 数组创建

（1）直接创建：

使用 numpy 中的 array 函数创建数组，数组类型由列表中的数据类型确定，基本使用语法如下。

```
numpy.array(object,dtype=None,copy=True,order='K',subok=False,ndmin=0)
```

其中，array 函数的主要参数及其说明见表 3-3。

表 3-3　array 函数的主要参数及其说明

参数名称	说　明
object	表示想要创建的数组，无默认
dtype	表示数组所需的数据类型。若未给定，则选择保存对象所需的最小类型。默认为 None
ndmin	指定生成数组应该具有的最小维数。默认为 None

（2）列表转化为数组：

先使用 Python 中的 list 创建一个列表，再利用 array 函数转化为数组。

（3）便捷创建常用函数介绍：

◎ 使用 arange 函数，通过指定起始值、终止值和步长创建一维数组，具体用法及参数说明见表 3-4。

```
numpy.arange(start, stop, step, dtype)
```

表 3-4　arange 函数的参数说明

参　数	描　述
start	起始值，默认为 0
stop	终止值（不包含）
step	步长，默认为 1
dtype	返回 ndarray 的数据类型，如果没有提供，则会使用输入数据的类型

◎ 使用 linspace 函数、logspace 函数创建一个一维数组，数组分别是一个等差数列和一个等比数列，具体用法及参数说明见表 3-5。

```
numpy.linspace(start, stop, num=50, endpoint=True, retstep=False, dtype=None)
numpy.logspace(start, stop, num=50, endpoint=True, base=10.0, dtype=None)
```

表 3-5 linspace 函数和 logspace 函数的参数说明

参 数	描 述
start	序列的起始值
stop	序列的终止值，如果 endpoint 为 true，该值包含于数列中
num	要生成的等步长的样本数量，默认为 50
endpoint	该值为 True 时，数列中包含 stop 值，反之不包含，默认为 True
retstep	如果为 True，生成的数组中会显示间距，反之不显示
base	对数 log 的底数，默认是 10.0

◎ 使用 numpy.empty 函数创建一个指定形状、数据类型且未初始化的数组。

```
numpy.empty(shape,dtype=float,order='C')
```

◎ 使用 numpy.zeros 函数创建指定大小的数组，数组元素以 0 填充。

```
numpy.zeros(shape,dtype=float,order='C')
```

◎ 使用 numpy.ones 函数创建指定形状的数组，数组元素以 1 填充。

```
numpy.ones(shape,dtype=None,order='C')
```

函数 empty、zeros 和 ones 的参数说明见表 3-6。

表 3-6 empty、zeros 和 ones 函数的参数说明

参 数	描 述
shape	数组形状
dtype	数据类型，可选
order	在计算机内存中的存储元素的顺序，有 C 和 F 两个选项，分别代表行优先和列优先

◎ 使用 numpy.eye 函数创建主对角线上元素为 1，其他元素为 0 的数组，类似单位矩阵。

```
numpy.eye(N,M=None,k=0,dtype=None)
```

N，M：分别表示输出方阵的行数和列数。

k：默认输出对角线上元素全为 1，其余元素全为 0 的方阵；若 k 为正整数，则在

右上方第 k 条对角线上元素全为 1;若其余元素全为 0,k 为负整数,则在左下方第 k 条对角线上元素全为 1,其余元素全为 0。

◎ 使用 numpy.diag 函数创建类似对角矩阵的数组,指定对角线上的数字,除对角线外的元素都为 0。

```
numpy.diag(array,k=0)
```

array:输入的数组。

k:默认是对角线为输入的数组,其他元素都为 0;若 k 为正整数,则在右上方第 k 条对角线为输入的数组,其余元素全为 0;若 k 为负整数,则在左下方第 k 条对角线为输入的数组,其余元素全为 0。

3. 生成随机数

Numpy 提供了强大的生成随机数的功能,与随机数相关的函数都在 random 模块中,常用的随机数生成方法有:

◎ 生成随机数:

```
numpy.random.random( )
```

◎ 生成给定上下范围的随机数:

```
numpy.random.randint(low,high=None,size=None,dtype='l')
```

取数范围:若 high 不为 None 时,取 [low, high) 之间的随机整数,否则取 [0, low) 之间的随机整数。

random 模块中常用的随机数生成函数见表 3-7。

表 3-7 random 模块中常用的随机数生成函数

函　数	说　明
seed	确定随机数生成器的种子
binomial	生成二项分布的随机数
normal	生成正态分布的随机数
beta	生成 beta 分布的随机数
chisquare	生成卡方分布的随机数
gamma	生成 gamma 分布的随机数
uniform	生成 [0,1] 之间均匀分布的随机数

任务实现

【任务 1.1】的代码：

```
In[1]:import numpy as np                                  #导入 numpy 模块
    Num_A=np.array([102,145,88,78,145,98,235])            #直接创建一维数组
    print('创建的数组为：', Num_A)
Out[1]: 创建的数组为：[102,145,88,78,145,98,235]
```

【任务 1.2】的代码：

```
In[2]:Num_total=np.array([[102,145,88,78,145,98,235],[118,188,150,89,97,153,218],[127,
                125,174,98,245,213,198], [278,99,156,300,279,298,200]])
                                                          #直接创建二维数组
    Num_total                                             #输出查看
Out[2]:array([[102,145,88,78,145,98,235],
        [118,188,150,89,97,153,218],
        [127,125,174,98,245,213,198],
        [278,99,156,300,279,298,200]])
In[3]:print('数组维度为：',Num_total.shape)               #查看数组维度
Out[3]: 数组维度为：(4,7)
In[4]:print('数组类型为：',Num_total.dtype)               #查看数组类型
Out[4]: 数组类型为：int32
In[5]:print('数组元素个数为：',Num_total.size)            #查看数组元素个数
Out[5]: 数组元素个数为：28
In[6]:print('数组每个元素大小为：',Num_total.itemsize)     #查看数组每个元素大小
Out[6]: 数组每个元素大小为：4
```

【任务 1.3】的代码：

```
In[7]:Num_B_list=[118,188,150,89,97,153,218]              #创建列表
    Num_B=np.array(Num_B_list)                            #将列表转化为一维数组
    Num_B                                                 #输出查看
Out[7]:array([118,188,150,89,97,153,218])
```

【任务 1.4】的代码：

```
In[8]:Num_CD_list=[127,125,174,98,245,213,198,278,99,156,
            300,279,298,200]                  #创建列表
    Num_CD=np.array(Num_CD_list)              #将列表转化为一维数组
```

```
    Num_CD=Num_CD.reshape(2,7)             #转化为 2 行 7 列的二维数组
    Num_CD                                 #输出查看
Out[8]:array([[127,125,174,98,245,213,198],
         [278,99,156,300,279,298,200]])
```

【任务 1.5】的代码：

```
In[9]:Num_1=np.arange(1,100,20,dtype=int)               #创建数组
    Num_1                                               #输出查看数组
Out[9]:array([ 1,21,41,61,81])
In[10]:Num_2=np.linspace(1,100,20,dtype=int)
    Num_2                                               #输出查看数组
Out[10]:array([1,6,11,16,21,27,32,37,42,47,53,58,63,68,73,79,84, 89,94,100])
In[11]:Num_3=np.logspace(0,2,20)
    Num_3                                               #输出查看数组
Out[11]:array([1.,1.27427499 , 1.62377674, 2.06913808,
          2.6366509 , 3.35981829,4.2813324 ,5.45559478,
          6.95192796, 8.8586679 ,11.28837892,14.38449888,
          18.32980711,23.35721469,29.76351442,37.92690191,
          48.32930239, 61.58482111, 78.47599704, 100.])
```

【任务 1.6】的代码：

```
In[12]:Num_CD=[127,125,174,98,245,213,198,278,99,156,300,279,298,200]
                              #数组 Num_CD
                              #创建与数组 Num_CD 形状相同的空数组
    Num_empty=np.empty([2,7], dtype=int, order='C')
                              #将数组 Num_CD 赋值给 Num_empty
    Num_empty=Num_CD
    Num_empty
Out[12]:array([[127,125,174,98,245,213,198],
          [278,99,156,300,279,298,200]])
```

【任务 1.7】的代码：

```
In[13]:Num_CD=[127,125,174,98,245,213,198,278,99,156,300,279,298,200]
                            #创建与数组 Num_CD 形状相同的全 0 数组
    Num_zero=np.zeros([2,7], dtype=int, order='C')
    Num_zero
```

```
Out[13]:array([[0,0,0,0,0,0,0], [0,0,0,0,0,0,0]])
                                    #创建与数组 Num_CD 形状相同的全 1 数组
In[14]:Num_one=np.ones([2,7], dtype=int, order='C')
       Num_one
Out[14]:array([[1,1,1,1,1,1,1],[1,1,1,1,1,1,1]])
```

【任务 1.8】的代码：

```
In[15]:k=np.random.random(10)
print(' 生成的随机数为：',k)
Out[15]:array([0.04059669, 0.546116, 0.80338862, 0.91819654, 0.5779053,
              0.87108419, 0.54664557, 0.7237703, 0.16689045, 0.5805907 ])
```

小结

掌握 numpy 生成 N 维数组的方法和相关操作，可以更高效地处理和分析大规模数据，提升数据科学和计算领域的能力，对于处理大量数据和进行复杂的计算任务非常有用。

任务二　数组数据类型及转换

任务说明

【任务 2.1】表 3–1 中景点 A、B、C、D 的票价分别是 100，50，30，120（单位：元），利用 array 函数创建一个数组存储价格数据，并将其转换为单精度浮点型数据。

【任务 2.2】创建一个存储景点名称的数据类型，其中景点名称是用字符串表示的，长度为 50 个字符，用一个 64 位的整数来记录某一天该景区的客流量。

【任务 2.3】利用任务 2.2 创建的数据类型，创建下列景点某一天人流量的数组：

大明湖人流量 380（人），趵突泉人流量 450（人），千佛山人流量 630（人）。

知识引入

1. numpy 的基本数据类型

在 numpy 中，所有的数组数据类型都是同质的，即数组中所有的元素类型必须是一致的。numpy 基本数据类型及取值范围见表 3–8。

表 3-8 numpy 基本数据类型及取值范围

数据类型	描 述
bool	布尔类型，值为 True 或 False
inti	由所在平台决定其精度的整数（一般为 int32 或 int64）
int8	整数，−128 至 127
int16	整数，−32768 至 32767
int32	整数，-2^{31} 至 $2^{31}-1$
int64	整数，-2^{63} 至 $2^{63}-1$
uint8	无符号整数，0 至 255
uint16	无符号整数，0 至 65535
uint32	无符号整数，0 至 $2^{32}-1$
uint64	无符号整数，0 至 $2^{64}-1$
float16	半精度浮点数
float32	单精度浮点数
float64 或 float	双精度浮点数

2. 数组数据类型查看及转换

数组有一个 dtype 属性，可以查看数组的数据类型，格式为：

```
数组名.dtype
```

数组的数据类型在创建时就已经通过 dtype 参数确定了，如果想实现数组类型的转换，可采用 astype 函数，格式如下：

```
数组名.astype(numpy.数据类型)
```

3. 自定义数据类型

自定义数据类型是一种异构数据类型，可以看作是电子表格的标题行，使用 dtype 创建自定义数据类型。

任务实现

【任务 2.1】的代码：

```
In[16]:price=np.array([100,50,30,120])                 #创建数组
       print(price.dtype)                              #查看数组 price 数据类型
Out[16]:int32
In[17]:float_price=price.astype(np.float32)
```

```
         float_price
Out[17]:array([100.,50.,30.,120.], dtype=float32)
```

【任务 2.2】的代码：

```
In[18]:df_type=np.dtype([('df_name',np.str,50),('df_num',np.int64)])
       print('数据类型 :',df_type)
Out[18]: 数据类型 : [('df_name', '<U50'), ('df_num', '<i8')]
```

【任务 2.3】的代码：

```
In[19]:ss_arr=np.array([('大明湖',380),('趵突泉',450),('千佛山',630)],dtype=df_type)
       ss_arr
Out[19]:array([('大明湖', 380), ('趵突泉', 450), ('千佛山', 630)],
         dtype=[('df_name', '<U50'), ('df_num', '<i8')])
```

小结

numpy 中通过 array 函数创建数组时，数据类型已经通过 dtype 参数确定，如果要改变数据类型，可以采用 astype 函数；另一方面，如果要创建异构数据类型，需要先定义异构数据类型。

任务三　数组的访问与修改

任务说明

【任务 3.1】针对任务二中的数组 Num_total，索引景点 A 第 4 天和景点 D 第 6 天的游客人数。

【任务 3.2】针对任务二中的数组 Num_total, 找出游客人数少于 100 和多于 300（包括 300）的元素索引值。

【任务 3.3】针对任务二中的数组 Num_total，分别提取景点 B 连续 7 天、第 1 天四个景点以及景点 C 和 D 第 2 天至第 5 天的游客人数。

知识引入

numpy 中一维数组的索引与 Python 中的 list 索引方法一致；多维数组的每一个维度都有一个索引，各个维度的索引之间用逗号隔开。

任务实现

【任务 3.1】的代码：

```
In[20]:Num_total=np.array([[102,145,88,78,145,98,235],[118,188,150,89,97,
                    153,218],[127,125,174,98,245,213,198],[278,99,156,300,279,298,200]])
       Num_total[0,3] #第 1 个参数代表行，第 2 个参数代表列，行标和列标从 0 开始
Out[20]:78
In[21]:Num_total[3,5]
Out[21]:298
```

【任务 3.2】的代码：

```
In[22]:np.where(Num_total<100)
Out[22]:(array([0,0,0,1,1,2,3], dtype=int64),
        array([2,3,5,3,4,3,1], dtype=int64))        #第 1 组代表元素所在的行，第 2 组数代
                                                    #表元素所在的列
In[23]:np.where(Num_total>=300)
Out[23]:(array([3], dtype=int64), array([3], dtype=int64))
```

【任务 3.3】的代码

```
In[24]:Num_total[1]                     #提取第 2 行全部的数
Out[24]:array([118,188,150,89,97,153,218])
In[25]:Num_total[:,0]                   #提取第 1 列全部的数
Out[25]:array([102,118,127,278])
In[26]:Num_total[2:,1:5]                #提取第 3～4 行的第 2～5 列全部的数
Out[26]:array([[125,174,98,245], [99,156,300,279]])
```

小结

ndarray 对象的内容可以通过索引或切片来访问和修改，与 Python 中 list 的切片操作一样。通过索引和切片操作，可以灵活地访问 ndarray 对象中的元素或子数组，并且可以通过赋值操作修改它们的值。这使得 numpy 在数据处理和分析中变得非常强大和便捷。

任务四　numpy 数组的矢量计算

任务说明

【任务 4.1】针对任务二中的数组 Num_total，分别计算景点 A、B、C、D 连续 7 天的游客总数，7 天中每天 4 个景点的游客总数以及 7 天 4 个景点的总游客数。

【任务 4.2】针对任务二中的数组 Num_total，分别找出每个景点 7 天中游客数的最大值；分别找出每天游客数的最小值；最后找出 7 天中所有景点游客人数的最大、最小值。

【任务 4.3】针对任务二中的数组 Num_total，分别找出每个景点 7 天中游客数的平均值；分别找出每天游客数的平均值；最后找出 7 天中所有景点游客数的平均值。其中平均值需四舍五入输出。

【任务 4.4】利用 np.ones 函数生成与任务二中的数组 Num_total 维数、形状相同的数组，并分别计算数组 Num_total 与该数组的和与差。

【任务 4.5】分别计算数组 Num_total 每一元素都加 2、每一元素减所有元素的最小值、每一元素乘以 2、每一元素除以 2 以及每一元素的平方运算。

【任务 4.6】计算任务二中一维数组 Num_A 和多维数组 Num_total 的和。

知识引入

1. ufunc 函数（通用函数）

ufunc 函数（通用函数）是针对数组进行操作的，以 numpy 数组输出。常用的 ufunc 函数有四则运算、比较运算和逻辑运算。ufunc 函数在进行四则运算时，运算符和数字运算使用方式一致，数组间的四则运算表示对每一个数组中的元素分别进行四则运算，所以要求进行四则计算的两个数组形状必须相同。

（1）sum 函数：参数 axis=0 表示按列求和，axis=1 表示按行求和，不写参数则表示所有元素的和。

（2）max 和 min 函数，参数 axis=0 表示按列求最值，axis=1 表示按行求最值，不写参数则表示求所有元素的最值。

（3）mean 函数，参数 axis=0 表示按列求均值，axis=1 表示按行求均值，不写参数则表示求所有元素的均值。

（4）方差和标准差函数：var 函数和 std 函数，用法与 mean 函数类似。

numpy.round()函数，对数据进行四舍五入。

2. ufunc 函数的广播机制

广播(broadcasting)是指不同形状的数组间执行算数运算的方式。在使用广播机制进行运算时，需要遵循以下 4 个原则：

（1）让所有的输入数组向其中 shape 最长的数组看齐，shape 中不足的部分通过在前面加 1 补齐；

（2）输出数组的 shape 是输入数组 shape 的各轴上的最大值；

（3）如果输入数组的某个轴和输出数组的对应的轴长度相同或者其长度为 1，则这个数组能够用来计算，否则出错；

（4）当输入数组的某个轴的长度为 1 时，沿着此轴运算时使用此轴上的第一组值。

任务实现

【任务 4.1】的代码：

```
In[27]:Num_total=np.array([[102,145,88,78,145,98,235],[118,188,150,89,97,153,218],
                    [127,125,174,98,245,213,198], [278,99,156,300,279,298,200]])
       Num_total.sum(axis=1)                #按行求和
Out[27]:array([891,1013,1180,1610])
In[28]:Num_total.sum(axis=0)                #按列求和
Out[28]:array([625,557,568,565,766,762,851])
In[29]:Num_total.sum()                      #所有元素求和
Out[29]:4694
```

【任务 4.2】的代码：

```
In[30]:Num_total.max(axis=1)                #按行求最大值
Out[30]:array([235,218,245,300])
In[31]:Num_total.min(axis=0)                #按列求最小值
Out[31]:array([102,99,88,78,97,98,198])
In[32]:Num_total.max()                      #所有元素求最大值
Out[32]:300
In[33]:Num_total.min()                      #所有元素求最小值
Out[33]:78
```

【任务 4.3】的代码：

```
In[34]:np.round(Num_total.mean(axis=1))     #按行求均值，并四舍五入
```

```
Out[34]:array([127.,145.,169.,230.])
In[35]:np.round(Num_total.mean(axis=0))            #按列求均值
Out[35]:array([156.,139.,142.,141.,192.,190.,213.])
In[36]:np.round(Num_total.mean())                  #所有元素求均值
Out[36]:168
```

【任务 4.4】的代码：

```
In[37]:Num_total=np.array([[102,145,88,78,145,98,235],[118,188,150,89,97,153,218],
                          [127,125,174,98,245,213,198],
                          [278,99,156,300,279,298,200]])
       Num_one1=np.ones([4,7], dtype=int, order='C')  #生成行 7 列的二维数组
       Num_sum=Num_total+Num_one1                     #加法
       Num_sum
Out[37]:array([[103,146,89,79,146,99,236],
              [119,189,151,90,98,154,219],
              [128,126,175,99,246,214,199],
              [279,100,157,301,280,299,201]])
In[38]:Num_diff=Num_total-Num_one1                    #减法
       Num_diff
Out[38]:array([[101,144,87,77,144,97,234],
              [117,187,149,88,96,152,217],
              [126,124,173,97,244,212,197],
              [277,98,155,299,278,297,199]])
```

【任务 4.5】的代码：

```
In[39]:Num_total+2                               #数组中每个元素都加 2
Out[39]:array([[104,147,90,80,147,100,237],
              [120,190,152,91,99,155,220],
              [129,127,176,100,247,215,200],
              [280,101,158,302,281,300,202]])
In[40]:Num_total-Num_total.min()                 #数组中每个元素都减最小值
Out[40]:array([[ 24,67,10,0,67,20,157],
               [40,110,72,11,19,75,140],
               [49,47,96,20,167,135,120],
               [200,21,78,222,201,220,122]])
```

```
In[41]:Num_total*2                    #数组中每个元素都乘以 2
Out[41]:array([[204, 290, 176, 156, 290, 196, 470],
               [236, 376, 300, 178, 194, 306, 436],
               [254, 250, 348, 196, 490, 426, 396],
               [556, 198, 312, 600, 558, 596, 400]])
In[42]:Num_total/2                    #数组中每个元素都除以 2
Out[42]:array([[ 51., 72.5, 44., 39., 72.5, 49., 117.5],
               [ 59., 94., 75., 44.5, 48.5, 76.5, 109.],
               [ 63.5, 62.5, 87., 49., 122.5, 106.5,  99.],
               [139., 49.5, 78., 150., 139.5, 149., 100.]])
In[43]:Num_total**2                   #数组中每个元素都平方
Out[43]:array([[10404, 21025,7744,6084, 21025, 9604, 55225],
               [13924, 35344, 22500,  7921,  9409, 23409, 47524],
               [16129, 15625, 30276,  9604, 60025, 45369, 39204],
               [77284,  9801, 24336, 90000, 77841, 88804, 40000]], )
```

【任务 4.6】的代码：

```
In[44]:Num_total=np.array([[102,145,88,78,145,98,235],[118,188,150,89,97,153,218],
                           [127,125,174,98,245,213,198],[278,99,156,300,279,298,200]])
       Num_A=np.array([102,145,88,78,145,98,235])
       print(Num_total+Num_A)
Out[44]:[[204 290 176 156 290 196 470]
    [220 333 238 167 242 251 453]
    [229 270 262 176 390 311 433]
    [380 244 244 378 424 396 435]]
```

小结

numpy 提供了许多强大的数组相关函数，用于执行各种数学、统计和操作计算。这些函数使得 numpy 在数学计算、统计分析、数组操作等领域具有强大的功能和灵活性。熟练掌握这些函数的使用将有助于高效地处理和分析数据。

任务五　numpy 矩阵的创建及相关计算

任务说明

【任务 5.1】分别使用 mat、matrix 两个函数创建矩阵 $\boldsymbol{A}=\begin{pmatrix}1&2&3\\3&2&1\\2&3&1\end{pmatrix}$ 和矩阵 $\boldsymbol{B}=\begin{pmatrix}1&1&1\\2&2&2\\3&3&3\end{pmatrix}$，在此基础上利用 bmat 函数合成分块矩阵 $\begin{pmatrix}\boldsymbol{A}&\boldsymbol{B}\\\boldsymbol{B}&\boldsymbol{A}\end{pmatrix}$。

【任务 5.2】计算矩阵 Num_total 前 4 列、4 行构成的 4 阶子式的值；计算矩阵 Num_total 前 4 列、4 行所构成的矩阵的逆矩阵；提取矩阵 Num_total 前 4 列、4 行构成的矩阵的对角线元素；计算矩阵 Num_total 前 4 列、4 行构成的矩阵的迹以及转置矩阵。

【任务 5.3】景点 A、B、C、D 的票价分别是 100 元、50 元、30 元、120 元，分别计算这 7 天 4 个景点的门票收入。

【任务 5.4】已知 4 个景点前 4 天的门票收入分别是 53 270 元、39 530 元、40 240 元、51 190 元，计算景点的门票价格。

知识引入

1. 创建矩阵

通过 mat、matrix 和 bmat 函数创建矩阵。

2. 矩阵的计算

numpy 中的子模块 linalg 是专门用于线性代数矩阵运算的工具包。导入该子模块，并用 la 进行命名。

◎ det 函数：计算行列式；

◎ inv 函数：求逆矩阵；

◎ diag 函数：提取矩阵的对角线元素；

◎ trace 函数：求矩阵的迹；

◎ transpose 函数：求矩阵的转置矩阵；

◎ vdot 函数：计算两向量的内积；

◎ linalg.solve()函数：求矩阵形式的线性方程组的解；

◎ dot 函数：计算两矩阵的乘积（矩阵的乘法必须满足左边矩阵的列数与右边矩阵

的行数相等才能相乘）。

```
np.dot(A,B)
```

当 ***A***，***B*** 为一维向量时，对应向量内积；当 ***A***，***B*** 为二维及以上矩阵时，对应矩阵乘法。

任务实现

【任务 5.1】的代码：

```
In[45]:matr1=np.mat('1,2,3;3,2,1;2,3,1')                    # 使用分号隔开数据
       matr1
Out[45]:matrix([[1, 2, 3],
                [3, 2, 1],
                [2, 3, 1]])
In[46]:matr2=np.matrix([1,1,1],[2,2,2],[3,3,3]])             # 使用方括号隔开数据
       matr2
Out[46]:matrix([[1, 1, 1],
                [2, 2, 2],
                [3, 3, 3]])
In[47]:matr3=np.bmat('matr1,matr2;matr2,matr1')
       matr3
Out[47]:matrix([[1, 2, 3, 1, 1, 1],
                [3, 2, 1, 2, 2, 2],
                [2, 3, 1, 3, 3, 3],
                [1, 1, 1, 1, 2, 3],
                [2, 2, 2, 3, 2, 1],
                [3, 3, 3, 2, 3, 1]])
```

【任务 5.2】的代码：

```
In[48]:import numpy as np                    #导入 numpy 模块
       import numpy.linalg as la             #导入子模块 linalg
       Num_total=np.array([[102,145,88,78,145,98,235],[118,188,150,89,97,153,218],[127,
                           125,174,98,245,213,198], [278,99,156,300,279,298,200]])
       Num_four=Num_total[0:,0:4]            #提取矩阵的前 4 行，前 4 列
       Num_four
Out[48]:array([[102, 145, 88, 78],
```

```
               [118, 188, 150, 89],
               [127, 125, 174, 98],
               [278, 99, 156, 300]])
In[49]:la.det(Num_four)                         #计算行列式
Out[49]:31378632.00000015
In[50]:la.inv(Num_four)                         #计算逆矩阵
Out[50]:array([[0.09471866,-0.09826394,0.04631406,-0.01060448],
               [-0.00590771, 0.01854816, -0.01335788, 0.00039696],
               [-0.02340819, 0.0149315, 0.00456591, 0.00016492],
               [-0.07365082, 0.07717264, -0.04088387, 0.01294339]])
In[51]:np.diag(Num_four)                        #提取对角线元素
Out[51]:array([102, 188, 174, 300])
In[52]:np.trace(Num_four)                       #计算矩阵的迹
Out[52]:764
In[53]:np.transpose(Num_total)                  #计算转置矩阵
Out[53]:array([[102, 118, 127, 278],
               [145, 188, 125,  99],
               [ 88, 150, 174, 156],
               [ 78, 89, 98, 300],
               [145,  97, 245, 279],
               [ 98, 153, 213, 298],
               [235, 218, 198, 200]])
```

【任务 5.3】的代码：

```
In[54]:Num_tran=np.transpose(Num_total)           # 将游客数矩阵转置
    price=np.array([100,50,30,120])               # 创建价格向量
    np.dot(Num_tran,price)                        # 计算矩阵乘积
Out[54]:array([53270, 39530, 40240, 51190, 60180, 59600, 64340])
```

即 4 个景点 7 天的门票收入分别为 53 270 元、39 530 元、40 240 元、51 190 元、60 180 元、59 600 元、64 340 元。

【任务 5.4】的代码：

设 4 个景点门票的价格分别为 x_1, x_2, x_3, x_4，建立方程组(3-1)：

$$\begin{cases}102x_1+118x_2+127x_3+278x_4=53270,\\145x_1+188x_2+125x_3+99x_4=39530,\\88x_1+150x_2+174x_3+156x_4=40240,\\78x_1+89x_2+98x_3+300x_4=51190.\end{cases}\tag{3-1}$$

```
In[55]:import numpy as np                          #导入 numpy 模块
       from scipy import linalg
       Num_total1=np.array([[102,118,127,278],[145,188,125,99],
       [88,150,174,156],[78,89,98,300]])
       Toal_price1=np.array([[53270], [39530], [40240], [51190]])
       linalg.solve(Num_total,Toal_price)
Out[55]:array([[100.],[50.],[30.],[120.]])
```

即 4 个景点的门票价格分别为 100 元、50 元、30 元、120 元。

小结

numpy 对于多维数组的运算，默认情况下并不是矩阵的运算，需要调用相应的函数进行矩阵的运算。

1. 创建一个(0，1)之间的长度为 12 的等差数列。
2. 创建一个 10 行 10 列的随机数组并找到它的最大值和最小值。
3. 创建一个长度为 30 的随机向量并找到它的平均值。
4. 创建一个 5 行 5 列的随机矩阵，计算该矩阵的行列式，并做归一化处理。
5. 使用 numpy 数组对象，创建两个 3 行 3 列的矩阵，并计算矩阵乘积。
6. 密码学中将信息代码称为密码，尚未转换成密码的文字信息称为明文，由密码表示的信息称为密文。从明文到密文的过程称为加密，反之称为解密。1929 年，希尔(L. S. Hill)通过线性变换对待传输的信息进行加密处理，提出了密码史上有重要地位的希尔加密算法。其基本思想为：假定每一个字母都对应一个非负整数、空格，具体见表 3–9。

表 3–9　密码对照表

空格	A	B	C	D	E	F	G	H	I	J	K	L	M
0	1	2	3	4	5	6	7	8	9	10	11	12	13

续表

空格	A	B	C	D	E	F	G	H	I	J	K	L	M
N	O	P	Q	R	S	T	U	V	W	X	Y	Z	
14	15	16	17	18	19	20	21	22	23	24	25	26	

首先假设将需要传递的明文单词从左到右,每 3 个字母分为一组,并将其对应的 3 个整数排成列向量,进行矩阵表示。例如,“I Love study” 表示为矩阵

$$\boldsymbol{A}=\begin{pmatrix} 9 & 15 & 0 & 21 \\ 0 & 22 & 19 & 4 \\ 12 & 5 & 20 & 25 \end{pmatrix}$$

然后对矩阵 $\boldsymbol{A}$,利用矩阵乘法加密处理后变为矩阵 $\boldsymbol{BA}$ 并进行信息传输,其中 $\boldsymbol{B}$ 为可逆矩阵。

现已知矩阵 $\boldsymbol{B}=\begin{pmatrix} 1 & 1 & 1 \\ -1 & 0 & 1 \\ 0 & 1 & 1 \end{pmatrix}$,某信息接收站现接收到的密文信息矩阵为 $\begin{pmatrix} 22 & 47 & 33 & 40 \\ -7 & 4 & -15 & 19 \\ 15 & 33 & 13 & 39 \end{pmatrix}$,试编程计算加密前明文的矩阵表示以及传输的明文信息。

(二)pandas

学习目标

◎ 能够加载数据,学会用 pandas 进行数据的加载

◎ 能够整理数据,学会用 pandas 进行数据整理

◎ 能够进行数据操作,学会用 pandas 操作数据

◎ 能够处理数据,学会用 pandas 进行简单的数据清洗

项目描述

在 pandas 没有出现之前,Python 在数据分析任务中主要承担数据采集和数据预处理的工作,但是这对数据分析的支持十分有限,并不能突出 Python 简单、易上手的特点。pandas 的出现使得 Python 做数据处理分析的能力得到了大幅度提升。本项目主要实现加载数据、整理数据、处理数据。

分析结果的好坏依赖于数据的好坏。现实中很多数据集里存在数据缺失,或数据格式不统一(畸形数据),或数据错误的情况。不管是不是完善的报表,还是技术处理数据的失当都会不可避免地引起“脏”数据。值

得庆幸的是，pandas 提供了功能强大的类库，不管数据处于什么状态，它都可以帮助我们通过清洗数据、处理数据，最后得到清晰明了的数据。

“人生在勤，不索何获。”此项目利用不同的任务实践操作数据，不仅可以明确数据处理的任务和要求，还可以锻炼学生观察数据的能力和总结清洗方案的能力。最终不仅能通过本项目实现数据文件的导入，导入后的数据对象还能够很方便地实现数据归一化操作和缺失值处理，进行数据的简单清洗和处理，最终处理结果能通过 pandas 进行数据存储。

任务六 pandas 数据结构——Series

任务说明

pandas 是基于 numpy 的一种工具，该工具是为解决数据分析任务而创建的。pandas 纳入了大量库和一些标准的数据模型，提供了高效地操作大型数据集所需的工具。此外，pandas 提供了大量能使我们快速、便捷地处理数据的函数和方法，它是使 Python 成为强大而高效的数据分析环境的重要因素之一。

pandas 是 python+data+analysis 的组合缩写，是 Python 中的第三方数据分析库，与 numpy 和 matplotlib 共同构成了 Python 数据分析的基础工具包。pandas 是 Python 的核心数据分析支持库，提供了快速、灵活、明确的数据结构，旨在简单、直观地处理关系型、标记型数据。因为本书使用的开发工具是 Anaconda，而 Anaconda 自带基本库 numpy 和 pandas 等，因此不需要单独安装。

Series 对象类似于一维数组，可以由一组数据组成，也可以由一组数据和这组数据所对应的索引（标签）组成。它可以存储整数、浮点数、字符串、Python 对象等多种类型的数据。pandas 中 Series 对象比较常用。在本任务中需要掌握 Series 对象如何创建、Series 对象的索引如何设置。

“合抱之木，生于毫末；九层之台，起于累土；千里之行，始于足下。”Series 数据结构是学习 pandas 的第一步，更要打好基础，夯实地基。

知识引入

1. **Series 对象**

Series 结构也称 Series 序列，是 pandas 常用的数据结构之一。它是一种类似于一维数组的结构，由一组数据值（value）和一组标签（index）组成，其中标签与数据值之间是一一对应的关系。

Series 可以保存任何数据类型，如整数、字符串、浮点数、Python 对象等，它的标签默认为整数，从 0 开始依次递增。

Series 由索引(index)和列组成，函数如下。

```
pd.Series( data, index, dtype, name, copy)
```

参数说明见表 3-10。

表 3-10　Series 参数表

参数名称	描　述
data	输入的数据，可以是列表、常量、ndarray 数组等
index	索引值必须是唯一的，如果没有传递索引，则默认为 np.arrange(n)
dtype	dtype 表示数据类型，如果没有提供，则会自动判断得出
copy	表示对 data 进行拷贝，默认为 False

2. Series 对象与 numpy 数组

Series 是通用的 numpy 数组。Series 对象和 numpy 数组两者的本质差异是索引。

numpy 的核心数据结构是 ndarray，支持任意维数的数组，但要求单个数组内所有数据是同质的，即类型必须相同；而 Series 支持一维，但数据内部可以是异构数据，仅要求同列数据类型一致即可。numpy 的数据结构仅支持数字索引，而 pandas 的数据结构则同时支持数字索引和标签索引。

任务实现

1. 创建一个空 Series 对象

```
In[56]: import pandas as pd
        s=pd.Series()                    #输出数据为空
        print(s)
Out[56]: eries([], dtype: loat64)
```

在上述代码运行之后会出现警告，读者可以暂时忽略。

2. 使用默认索引创建 Series 序列对象

```
In[57]: import pandas as pd
        area=['趵突泉', '大明湖', '千佛山']
        Scen=pd.Series(area)
        print(Scen)
```

输出结果如图 3-1 所示。

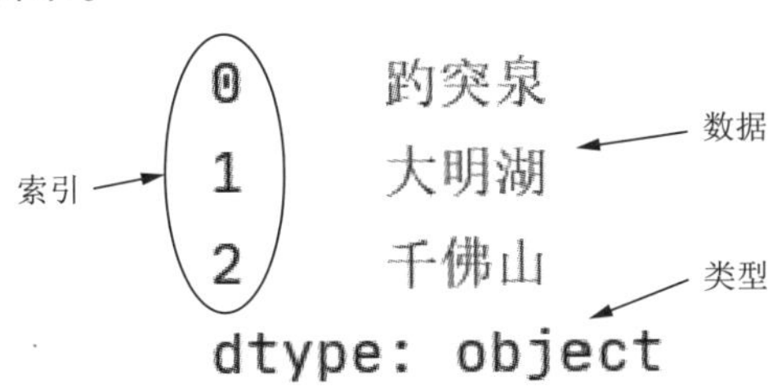

图 3-1 创建对象结果图

上述示例中没有传递任何索引，所以索引默认从 0 开始分配，其索引范围为 0 到 len(data)-1，即 0 到 2。这种设置方式被称为“隐式索引”。根据索引值读取数据。

```
In[58]: import pandas as pd
        area=['趵突泉', '大明湖', '千佛山']
        Attr=pd.Series(area)
        print(Attr[1])
Out[58]: 大明湖
```

除了上述方法外，也可以使用“显式索引”的方法定义索引标签，示例如下：

```
In[59]: import pandas as pd
        area=['趵突泉', '大明湖', '千佛山']
        Attr=pd.Series(area,index=['景点1', '景点 2', '景点 3'])
        print(Attr)
```

输出结果如图 3-2 所示。

```
景点1      趵突泉
景点2      大明湖
景点3      千佛山
dtype: object
```

图 3-2 创建对象使用显示索引结果图

根据索引的名字读取索引的值。

```
In[60]: import pandas as pd
        area=['趵突泉', '大明湖', '千佛山']
        Attr=pd.Series(area,index=['景点 1', '景点 2', '景点 3'])
        print(Attr['景点 1'])
Out[60]: 趵突泉
```

对于 Series 的操作，与操作 Python 中的字典非常相似。

创建 Series 对象时，也可以按照字典的形式来创建。如果没有索引标签，则用字典中的键来作为索引名；如果创建的对象中有相应的索引标签，就与字典中的键进行一一对应。如果改变参数的名称，则输出结果随之改变。

不设置索引标签。举例如下：

```
In[61]: import pandas as pd
        area={'景点 1':'趵突泉','景点 2':'大明湖','景点 3':'千佛山'}
        area_pd=pd.Series(area)
        print(area_pd)
Out[61]: 景点 1   趵突泉
         景点 2   大明湖
         景点 3   千佛山
```

设置索引标签，如果找不到对应的索引值，则对应的值自动置为 NaN（非数字）；如果设置的索引比字典中的键少，则结果只取得和索引对应的字段。举例如下：

```
In[62]: import pandas as pd
        area={'景点 1':'趵突泉',
              '景点 2':'大明湖',
              '景点 3':'千佛山'}
        area_pd=pd.Series(area,index=['景点 1','景点 3','景点'])
        print(area_pd)
Out[62]: 景点 1   趵突泉
         景点 3   千佛山
         景点      NaN
```

设置 Series 名称参数。举例如下：

```
In[63]: import pandas as pd
        area={'景点 1':'趵突泉',
              '景点 2':'大明湖',
              '景点 3':'千佛山'}
        area_pd=pd.Series(area,index=['景点 1','景点 3'],name="RUNOOB-Series-TEST")
        print(area_pd)
Out[63]: 景点 1   趵突泉
         景点 3   千佛山
         Name: RUNOOB-Series-TEST, dtype: object
```

小结

Series 数据结构是一种类似于一维数组的数据对象，由一组数据和行索引构成。因为数据是一维的，所以 Series 只有行索引，而没有列索引。Series 可以保存任何数据类型。

任务七 pandas 数据结构——DataFrame

任务说明

DataFrame 对象是 pandas 库中的一种数据结构，类似于二维表，由行和列组成。每列可以是不同的值类型(数值、字符串、布尔值等)。实际生活中需要将一些数据对象创建为 DataFrame 对象去进行操作。本任务讲解如何创建 DataFrame 对象、如何操作 DataFrame 对象。

本任务的具体要求如下：

◎ 能够操作使用不同的方法创建 DataFrame 对象

◎ 能够熟悉 DataFrame 对象的索引操作

◎ 能够熟悉 DataFrame 对象的添加操作

知识引入

DataFrame 是一个类似 Excel 表格形式的结构，既有行标签，也有列标签，其中列标签中的各列的类型可以不同，例如，可以是字符串、整型或者浮点型等。DataFrame 的结构和二维数组的结构相似，其结构示意图见表 3-11。

表 3-11　DataFrame 结构示意图

index	景点名称	官方电话	地　址
0	趵突泉	86920900	东省济南市历下区趵突泉南路 1 号
1	大明湖	86088900	山东省济南市历下区
2	千佛山	82662340	山东省济南市历下区经十一路 18 号
3	泉城公园	82952786	山东省济南市历下区经十路 106 号

表 3-11 中的每一行都可以看作一个 Series，其中第 0 列是索引列，第一列“景点名称”可以是 string 类型，第二列“官方电话”可以是 int 类型，第三列“地址”可以是 string 类型。DataFrame 的语法格式如下。

```
pandas.DataFrame( data, index, columns, dtype, copy)
```

1. DataFrame 的创建

DataFrame的语法格式与Series的相似，只是多了columns标签。此标签表示列标签，在后面会做演示。查看在不输入任何数据时，DataFrame 的输出结果。

```
In[64]: import pandas as pd
        df=pd.DataFrame()
        print(df)
Out[64]: Empty DataFrame
         Columns: []
         Index: []
```

2. DataFrame 的操作

通过列索引(标签)获取所需列的值；通过行标签传递给loc函数获取所需行列的值。loc 函数有两个参数，第一个是行，第二个是列，如果不指定，默认获取整行或整列的值；通过切片获取数值。

```
In[65]: import pandas as pd
        data={'name':pd.Series(['趵突泉','大明湖','千佛山'],index= ['first','second','third']),
        'Tel': pd.Series([86920900, 86088900, 82662340 ],index=['first','second','third'])}
        df=pd.DataFrame(data)
        print('通过列索引 name 获取所需列的值：')
        print(df['name'])
        print('通过行标签传递给 loc 函数获取第一行第一列的值：')
        print(df.loc['first','name'])
        print('通过切片获取第一行、第二行的值：')
        print(df[0:2])
Out[65]: 通过列索引 name 获取所需列的值：
         first     趵突泉
         second    大明湖
         third     千佛山
         Name: name, dtype: object
         通过行标签传递给 loc 函数获取第一行第一列的值：
         趵突泉
         通过切片获取第一行、第二行的值：
                  name       Tel
         first    趵突泉    86920900
```

```
        second 大明湖    86088900
```

任务实现

1. DataFrame 的创建

使用列表创建一个指定类型的 DataFrame 对象。用 columns 指定第一列的列标签为 name，第二列的列名为 Tel；用 dtype 指定 Tel 的类型为 float 类型；用 index 指定第一行为 first，第二行为 second，第三行为 third。

```
In[66]: import pandas as pd
        data=[['趵突泉',86920900],['大明湖',86088900],['千佛山',82662340]]
        df=pd.DataFrame(data,columns=['name','Tel'],dtype=float,index=['first','second',
        'third'])
        print(df)
Out[66]:            name        Tel
          first    趵突泉   86920900.0
          second   大明湖   86088900.0
          third    千佛山   82662340.0
```

使用字典创建 DataFrame 对象，默认情况下字典的键被作为列标签。如果没有相应的列值，系统将自动补充为 NaN。例如，“千佛山”没有电话号码，在 DataFrame 中也可通过 index 和 columns 改变其列标签和行标签，修改方式如下。

```
In[67]: import pandas as pd
        data=[{'name':'趵突泉', 'Tel':86920900},{'name':'大明湖', 'Tel':86088900}, {'name':
        '千佛山'}]
        df=pd.DataFrame(data)
        print(df)
Out[67]:     name        Tel
          0 趵突泉  86920900.0
          1 大明湖  86088900.0
          2 千佛山         NaN
```

使用 Series 创建 DataFrame 对象，Series 的 index 即为 DataFrame 的 index。下面例子中用到了字典，字典的键即为 DataFrame 中的列标签。

```
In[68]: import pandas as pd
        data={'name':pd.Series(['趵突泉','大明湖','千佛山'],index=['first','second','third']),
```

```
        'Tel': pd.Series([86920900, 86088900, 82662340],
        index=['first','second','third'])}
        df=pd.DataFrame(data)
        print(df)
Out[68]:          name      Tel
          first   趵突泉  86920900
          second  大明湖  86088900
          third   千佛山  82662340
```

2. DataFrame **添加列信息**

在已经创建好的 DataFrame 数据里添加列信息，具体实现如下所示。

```
In[69]: import pandas as pd
        data={'name': pd.Series(['趵突泉','大明湖','千佛山'],index=['first','second',
        'third']), 'Tel': pd.Series([86920900,86088900,82662340],
        index=['first','second','third'])}
        df=pd.DataFrame(data)
        # 将数据原样输出
        print('原始数据：')
        print(df)
        #1. 直接添加数据列
        df['address']=pd.Series(['山东省济南市历下区趵突泉南路 1 号','山东省济南市
        历下区','山东省济南市历下区经十一路 18 号'],index=['first','second','third'])
        print('直接添加一列景区地址信息：')
        print(df)
        #2. 利用 insert() 函数添加数据列
        print('用 insert() 函数添加一列景区地址信息：')
        #insert() 函数中的 3 代表在 column 中插入的索引位置，索引位置从 0 开始
        df.insert(3,column='level',value=['5A','5A','4A'])
        print(df)
Out[69]: 原始数据：
                  name      Tel
          first   趵突泉  86920900
          second  大明湖  86088900
          third   千佛山  82662340
        直接添加一列景区地址信息：
```

```
        name    Tel                 address
first   趵突泉  86920900  山东省济南市历下区趵突泉南路1号
second  大明湖  86088900      山东省济南市历下区
third   千佛山  82662340  山东省济南市历下区经十一路18号
用insert()函数添加一列景区地址信息:
      name     Tel      address                          level
first   趵突泉  86920900  山东省济南市历下区趵突泉南路1号   5A
second  大明湖  86088900      山东省济南市历下区            5A
third   千佛山  82662340  山东省济南市历下区经十一路18号    4A
```

3. DataFrame 添加行信息

在已经创建好的 DataFrame 数据里添加行数据,具体实现如下所示。

```
In[70]: import pandas as pd
        data=[['趵突泉',86920900],['大明湖',86088900],['千佛山',82662340]]
        df=pd.DataFrame(data,columns=['name','Tel'],dtype=float,index=['first','second',
            'third'])
        print('原始数据:')
        print(df)
        print('利用 append()函数添加泉城公园的数据:')
        data1=[['泉城公园',82952786]]
        df2=pd.DataFrame(data1,columns=['name','Tel'],index=['fourth'])
        df=df.append(df2)
        print(df)
Out[70]: 原始数据:
              name      Tel
        first   趵突泉  86920900.0
        second  大明湖  86088900.0
        third   千佛山  82662340.0
        #利用 append()函数添加泉城公园的数据:
               name       Tel
        first   趵突泉     86920900.0
        second  大明湖     86088900.0
        third   千佛山     82662340.0
        fourth  泉城公园   82952786.0
```

小结

DataFrame 对象是 pandas 的二维数组,由行和列组成,其中每列可以是不同的值类型。相对 Series 的一维,DataFrame 二维涵盖的数据更多,更有利于数据存储和处理。通过一个个任务的分解,让 DataFrame 对象的操作更容易理解,更容易练习,由易到难,一步一步深入,进而提高实践能力。

任务八　pandas 读写文件

任务说明

在 Python 中,pandas 模块允许我们从外部文件加载 DataFrames 并对其进行处理。数据集可以是不同类型的文件。pandas 可以读取表格型数据,然后将其转换成 DataFrame 类型的数据结构,再通过操作 DataFrame 进行数据分析、数据预处理以及行和列的操作等。通过什么方式将数据进行读取是非常重要的,因为对不同的文件格式,pandas 提供了不同的读取方法,也提供了不同的写入方法。

本任务的具体要求如下:

◎ 读写 CSV 文件

◎ 读取 JSON 文件

知识引入

使用 pandas 做数据分析时,需要读取事先准备好的数据集,这是做数据分析的第一步。pandas 提供了多种读取数据的方法。

1. CSV 文件

read_csv() 用于读取文本文件。

CSV 又称逗号分隔值文件,是一种简单的文件格式,以特定的结构来排列表格数据。 CSV 文件能够以纯文本形式存储表格数据,如电子表格、数据库文件,并具有数据交换的通用格式。CSV 文件会在 Excel 文件中被打开,其行和列都定义了标准的数据格式。用 pandas 的 read_csv() 函数可读取 CSV 文件,写入 CSV 文件的函数为 to_csv()。

具体读取 CSV 文件的代码如下所示。

```
In[71]: import pandas as pd
        df=pd.read_csv('Attractions.csv')
```

```
        print(df)
Out[71]:     index    name     Tel
        0    first    趵突泉  86920900
        1    second  大明湖  86088900
        2    third    千佛山  82662340
```

2. JSON 文件

read_json() 用于读取 JSON 文件。

JSON 是 JavaScript 对象表示法。JSON 文件是用于数据交换的明文文件，遵循 ISO/IEC 21778:2017 和 ECMA—404 标准并使用 .json 作为扩展名。Python 和 pandas 提供了 JSON 的内置支持并且可以很好地处理 JSON 文件。用 pandas 的 read_json() 函数可读取 JSON 文件。

任务实现

1. 读写 CSV 文件

（1）读取 CSV 文件。

pandas 中，读取和写入 CSV 文件的函数分别为 read_csv() 和 to_csv()。读取 CSV 文件的常用参数有 filepath_or_buffer、sep、delimiter、header、names、index_col、usecols，下面分别对这些参数进行具体说明。

filepath_or_buffer：文件路径，即存储 CSV 文件的路径。此路径既可以是文件路径也可以是 URL 路径。

sep：定义分隔符，即在 CSV 文件中的分隔符，如若不指定，默认的分隔符为 “,”。如果在 CSV 文件中的分隔符定义为 “tab”，则需要定义 sep 的值为 “\t”。

图 3-3 所示为 Attractions.csv 内容。

```
index,name,Tel
first,趵突泉,86920900
second,大明湖,86088900
third,千佛山,82662340
```

图 3-3　Attractions.csv 内容图

```
In[72]: import pandas as pd
        df=pd.read_csv('Attractions.csv')
        print(df)
Out[72]:    index    name     Tel
        0   first    趵突泉  86920900
```

```
     1  second  大明湖  86088900
     2  third   千佛山  82662340
```

header：即为列索引，像表头一样。通常情况下，如果不指定即为 0，将 CSV 文件的第一行默认为列索引。当 header=None 时，列索引默认从 0 开始。

```
In[73]: import pandas as pd
        df=pd.read_csv('Attractions.csv',header=None)
        print(df)
Out[73]:      0      1       2
     0  index   name    Tel
     1  first   趵突泉  86920900
     2  second  大明湖  86088900
     3  third   千佛山  82662340
```

name：将列名进行重新命名，也可以在文件中没有表头的情况下直接用 name 加上表头。

```
In[74]: import pandas as pd
        df=pd.read_csv('Attractions.csv',names=['index','景点名','电话'],header=0)
        print(df)
Out[74]:   index   景点名    电话
     0  first   趵突泉  86920900
     1  second  大明湖  86088900
     2  third   千佛山  82662340
```

Index_loc：为用 pandas 读取的文件设置索引列，这里的索引可以是单个索引，也可以是组合索引。这里的列既可以是列的名字，也可以是索引号（即从 0 开始的编号）。

```
In[75]: import pandas as pd
        df=pd.read_csv('Attractions.csv',names=['index','景点名','电话'],header=0,
        index_col=['index','景点名'])
        print(df)
Out[75]:
     index   景点名    电话
     first   趵突泉  86920900
     second  大明湖  86088900
     third   千佛山  82662340
```

usecols：选取所需列，可以按照列名选取或者按照从 0 开始的索引选取。如果选取多列，用逗号隔开，选择的顺序由 usecols 里参数的顺序决定。

```
In[76]: import pandas as pd
        df=pd.read_csv('Attractions.csv',names=['index','景点名','电话'],header=0,usecols=
        [1])
        print(df)
Out[76]:    景点名
        0  趵突泉
        1  大明湖
        2  千佛山
```

dtype：用来定义列的类型，可以指定某一具体列的数据类型。

```
In[77]: import pandas as pd
        df=pd.read_csv('Attractions.csv',names=['index','景点名','电话'],header=0,dtype=
        {'电话':float})
        print(df)
Out[77]:    index   景点名    电话
        0  first   趵突泉  86920900.0
        1  second  大明湖  86088900.0
        2  third   千佛山  82662340.0
```

（2）写入 CSV 文件。

写入 CSV 文件的具体代码如下：

```
In[78]: import pandas as pd
        #字典中的 key 值即为 CSV 中的列名
        dataframe=pd.DataFrame({'index':['1','2','3'],
                               '景点':['趵突泉','崂山','泰山'],
                               '地址':['济南','青岛','泰安']})
        #将 DataFrame 存储为 CSV，index 表示是否显示行名，default=True
        dataframe.to_csv("test.csv",index=False,sep=',')
```

在上面的示例中，to_csv("test.csv",index=False,sep=',') 意味着 CSV 文件将保存在当前工作目录下。to_csv("D:\\Python 数据分析与挖掘技术\\ 项目 3pandas\\ 任务 8\\任务 8-1\\data\\test.csv",index=False,sep=',') 意味着 CSV 文件将保存在 D:\Python 数据分析与挖掘技术\项目 3pandas\任务 8\任务 8-1\data\目录下。写入结果如图 3-4 所示。

```
jupyter test.csv✔ 2分钟前
File  Edit  View  Language
1 index,景点,地址
2 1,趵突泉,济南
3 2,崂山,青岛
4 3,泰山,泰安
5 |
```

图 3-4 写入 test.csv 结果图

2. 读取 JSON 文件

JSON 是 JavaScript Object Notation（JavaScript 对象表示法）的缩写，是存储和交换文本信息的语法，也是一种轻量级的文本数据交换格式，比 XML 更小、更快、更易解析。

JSON 文件的书写，示例文件名为 Info.json，具体内容如下：

```
{
    "name": "趵突泉",
    "tel": "86920900",
    "address": {
    "country": "中国",
    "city": "济南"}
}
```

读取 JSON 文件，需要先使用 open 函数打开文件，再使用 json.load 打开，便可以正确读取。

注意：此 JSON 文件在当前工作目录下。

```
In[79]: import json
        #打开文件
        with open('Info.json', encoding='utf-8') as a:
            #读取文件
            result=json.load(a)
        print(result.get('name'))
        print(result.get('address').get('city'))
Out[79]: 趵突泉
         济南
```

小结

pandas 支持多种文件的读写。对于文本文件，支持 CSV、JSON 等格式，当然也支持

TXT 文本文件；对于二进制文件，支持 Excel、Python 序列化文件、hdf5 等格式；此外，还支持 SQL 数据库文件的读写。

对于不同格式的文件，pandas 读取之后，将内容存储为 DataFrame，然后就可以调用内置的各种函数进行分析处理。

任务九　pandas 数据清洗

任务说明

将文件里的数据经过数据清洗，得到适合于数据分析的数据并保存到文件中。在数据清洗过程中，用户可以通过空值和缺失值的处理、重复值的处理、异常值的处理、数据类型转换等操作，将残缺、错误、重复的数据进行处理从而得到合格的数据。数据清洗旨在提高数据的质量、缩小数据统计过程中的误差值。在此过程中，熟悉数据清洗过程的必要步骤和注意事项。

本任务的具体要求如下：

◎ 将文件里的数据导入

◎ 检测数据中是否有空值和缺失值，如果有，对数据进行空值和缺失值的处理

◎ 检测数据中是否存在重复数据，如果有，对重复的数据进行处理

◎ 检测数据中是否存在异常值，如果有，对异常值进行处理

◎ 检测数据的类型设置是否合理，如果不合理，对数据类型进行转换

◎ 将最终处理后的结果保存到文件中

知识引入

1. 数据清洗

数据清洗，顾名思义就是将要用到的数据中重复、多余部分的数据进行筛选并清除，把缺失部分补充完整，并将不正确的数据纠正或者删除，最后整理成可以进一步加工、使用的数据。

数据清洗洗掉的就是数据库中的“脏”数据。“脏”数据在这里指的是对数据分析没有实际意义、格式非法、不在指定范围内的数据。数据清洗是一项复杂且繁琐的工作，同时也是整个数据分析过程中最为重要的环节。数据清洗包括空值和缺失值的处理、重复值的处理、异常值的处理、数据类型转换。

2. 空值和缺失值的处理

空值一般表示数据未知、不适用或将在以后添加数据。缺失值是指数据集中某个或某些属性的值是不完整的。一般空值用 None 表示，缺失值用 NaN 表示。

pandas 中提供了一些用于检查或处理空值和缺失值的函数或方法。使用 isnull()和 notnull()函数可以判断数据集中是否存在空值和缺失值。

isnull()函数会返回一个布尔类型的值，如果返回的结果为 True，则说明有空值或缺失值，否则为 False（NaN 或 None 映射到 True 值，其他内容映射到 False）。

```
In[80]: from pandas import DataFrame,Series
        import pandas as pd
        from numpy import NaN
        series_obj=Series([1, None, NaN])
        pd.isnull(series_obj)      #检查是否为空值或缺失值
Out[80]: 0    False
         1    True
         2    True
        dtype: bool
```

notnull()与 isnull()函数的功能是一样的，都可以判断数据中是否存在空值或缺失值。二者的不同之处在于，前者发现数据中有空值或缺失值时返回 False，后者返回的是 True。

```
In[81]: from pandas import DataFrame,Series
        import pandas as pd
        from numpy import NaN
        series_obj =Series([1, None, NaN])
pd.notnull(series_obj)   #检查是否不为空值或缺失值
Out[81]: 0   True
         1   False
         2   False
         dtype: bool
```

对于缺失数据，可以使用 dropna()和 fillna()方法对其进行删除或填充。

dropna()方法的作用是删除含有空值或缺失值的行或列。其中参数 axis 确定过滤行或列；how 确定过滤的标准；thresh 表示有效数据量的最小要求，若传入了 2，则要求该行或该列至少有两个非 NaN 值时将其保留。

```
In[82]: import pandas as pd
        import numpy as np
        df_obj=pd.DataFrame({"类别":['文化景区', '自然景区', '娱乐景区', '文化景区'],"
        景点":[np.nan, '大明湖', '方特', '泰山'], "地址":["济南", None, "济南", "泰安"]})
        df_obj.dropna()
Out[82]:      类别        景点    地址
    2     娱乐景区        方特    济南
    3     文化景区        泰山    泰安
```

填充缺失值和空值的方式有很多种，pandas 中的 fillna()方法可以实现填充空值或缺失值。fillna()方法中的 value 参数用于填充的数值。

```
In[83]: import pandas as pd
        import numpy as np
        df_obj=pd.DataFrame({"景点":['千佛山', '大明湖', '方特', '泰山'],"地址":["济南",
        "济南", "济南", "泰安"],"票价":[30, 30, np.nan, 80]})
        df_obj.fillna('80')
Out[83]:     景点      地址    票价
    0       千佛山    济南    30.0
    1       大明湖    济南    30.0
    2       方特      济南    80.0
    3       泰山      泰安    80.0
```

指定列进行填充示例如下：

```
In[84]: import pandas as pd
        import numpy as np
        df_obj=pd.DataFrame({"序号":[1, 2, np.nan, 4],
                             "地址":["济南", "济南", "济南", "泰安"],
                             "票价":[30, 30, np.nan, 80]})
        df_obj.fillna({'序号': 3, '票价': 50})
Out[84]:     序号    地址    票价
    0       1.0     济南    30.0
    1       2.0     济南    30.0
    2       3.0     济南    50.0
    3       4.0     泰安    80.0
```

method 参数表示填充方式，默认值为 None，在 method 里设置填充的方式。method='ffill'或'pad'，表示用前一个非缺失值去填充该缺失值，语法为 df.fillna (method='ffill')；method='bflii' 或'backfill'，表示用下一个非缺失值填充该缺失值，语法为 df.fillna (method='bflii')。

特别注意：method 参数不能与 value 参数同时使用。

使用前向填充的方式替换空值或缺失值。

```
In[85]: import pandas as pd
        import numpy as np
        df_obj=pd.DataFrame({"景点":['千佛山','大明湖','方特','泰山'],"地址":["济南","
        济南","济南","泰安"],"票价":[30,30, np.nan,80]})
        df_obj.fillna(method='ffill')
Out[85]:        景点    地址  票价
        0   千佛山  济南  30.0
        1   大明湖  济南  30.0
        2   方特    济南  30.0
        3   泰山    泰安  80.0
```

3. 重复值的处理

当数据中出现了重复值，在大多数情况下需要进行删除。pandas 提供了两个方法专门用来处理数据中的重复值，分别为 duplicated()和 drop_duplicates()方法。duplicated()方法用于标记是否有重复值。drop_duplicates()方法用于删除重复值。它们的判断标准是一样的，即只要两条数据中所有条目的值完全相等，就判断为重复值。

duplicated()方法的 subset 参数用于识别重复的列标签或列标签序列，默认识别所有的列标签。keep 参数删除重复项并保留第一次出现的项，取值可以为 first、last 或 False。

duplicated()方法用于标记 pandas 对象的数据是否重复，重复则标记为 True，不重复则标记为 False，所以该方法返回一个由布尔值组成的 Series 对象，它的行索引保持不变，数据则变为标记的布尔值。

```
In[86]: import pandas as pd
        import numpy as np
        df_obj=pd.DataFrame({"景点":['千佛山', '泰山', '泰山', '大明湖'],"地址":["济南",
        "泰安", "泰安", "济南"],"票价":[30, 80,80, 30]})
        df_obj.duplicated()        #从前向后查找和判断是否有重复值
Out[86]: 0    False
         1    False
```

```
    2    True
    3    False
dtype: bool
```

对于 duplicated()方法，这里有以下两点需要进行强调：

（1）只有数据表中两个条目间所有列的内容都相等时，duplicated()方法才会判断为重复值。

（2）duplicated() 方法支持从前向后（first）和从后向前（last）两种重复值查找模式，默认是从前向后查找。换句话说，就是将后出现的相同条目判断为重复值。

drop_duplicates()方法的 inplace 参数接收一个布尔类型的值，表示是否替换原来的数据，默认为 False。

```
In[87]: import pandas as pd
        import numpy as np
        df_obj=pd.DataFrame({"景点":['千佛山', '泰山', '泰山', '大明湖'],"地址":["济南",
        "泰安", "泰安", "济南"],"票价":[30,80, 80, 30]})
        df_obj.drop_duplicates()
Out[87]:        景点      地址    票价
          0     千佛山    济南    30
          1     泰山      泰安    80
          3     大明湖    济南    30
```

4. 异常值的处理

异常值也称作噪声值、离群值（outlier），是指样本中的个别值，其数值明显偏离它所属样本的其余观测值，这些数值是不合理的或错误的。

要想确认一组数据中是否有异常值，常用的检测方法有 3σ 原则和箱形图。

（1）3σ 原则。

3σ 原则又称为拉依达原则，是指假设一组检测数据只含有随机误差，对其进行计算处理得到标准偏差，按一定概率确定一个区间，凡是超过这个区间的误差都是粗大误差，在粗大误差范围内的数据应予以剔除。

在正态分布概率公式中，σ 表示标准差，μ 表示平均数，f（x）表示正态分数函数，具体如公式（3-2）所示。

$$f(x)=\frac{1}{\sqrt{2\pi}\sigma}\exp\left(-\frac{(x-\mu)^2}{2\sigma^2}\right) \tag{3-2}$$

正态分布函数图像如图 3-5 所示。

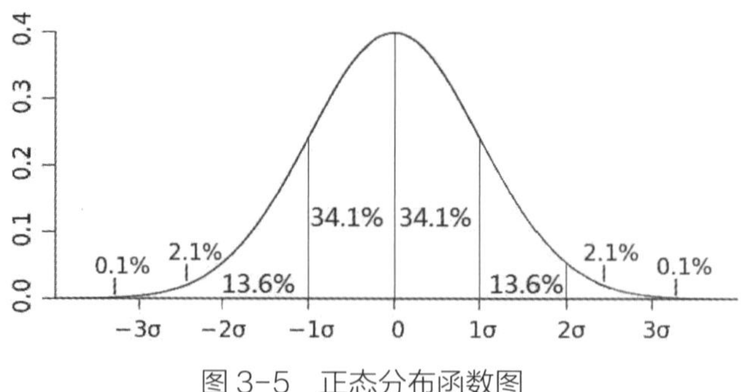

图 3-5　正态分布函数图

根据正态分布函数图可知，3σ 原则在各个区间所占的概率如下所示：

◎ 数值分布在$(\mu-\sigma,\mu+\sigma)$ 中的概率为 0.682。

◎ 数值分布在$(\mu-2\sigma,\mu+2\sigma)$ 中的概率为 0.954。

◎ 数值分布在$(\mu-3\sigma,\mu+3\sigma)$ 中的概率为 0.997。

即数值几乎全部集中在$(\mu-3\sigma,\mu+3\sigma)$ 区间内，超出这个范围的可能性仅占不到 0.3%，所以，凡是误差超过这个区间的数据就属于异常值，应予以剔除。

设置 3σ 原则函数代码如下所示：

```
In[88]: import pandas as pd
        import numpy as np
        #ser1 表示传入 DataFrame 的某一列
        def three_sigma(ser1):
            #求平均值
            mean_value=ser1.mean()
            #求标准差
            std_value=ser1.std()
            #位于 (μ-3σ,μ+3σ) 区间的数据是正常的,不在这个区间的数据为异常的
            #ser1 中的数值小于 μ-3σ 或大于 μ+3σ 均为异常值
            #一旦发现有异常值,就标注为 True,否则标注为 False
            rule=(mean_value-3*std_value>ser1)|(ser1.mean()+3*ser1.std()<ser1)
            #返回异常值的位置索引
            index=np.arange(ser1.shape[0])[rule]
            #获取异常数据
            outrange=ser1.iloc[index]
         return outrange
```

运用 3σ 原则函数检测数据代码如下所示：

```
In[89]: import pandas as pd
        import numpy as np
        df_obj=pd.DataFrame({"景点":['a', 'b', 'c', 'd', 'e', 'f','g','h', 'i','j','k','l'],"票价":[280,
        30,50,40,40,50,4000,300,50, 60,55,30]})
        three_sigma(df_obj ['票价'])
Out[89]: 6      4000
        Name: 票价, dtype: int64
```

（2）箱形图。

箱形图是一种用作显示一组数据分散情况的统计图。在箱形图中，异常值通常被定义为小于 QL−1.5IQR 或大于 QU+1.5IQR 的值。其中：

◎ QL 称为下四分位数，表示全部观测值中 1/4 的数据取值比它小。

◎ QU 称为上四分位数，表示全部观测值中有 1/4 的数据取值比它大。

◎ IQR 称为四分位数间距，是上四分位数 QU 与下四分位数 QL 之差，其间包含了全部观测值的一半。

如图 3-6 所示，离散点表示的是异常值，上界表示除异常值以外的数据中的最大值；下界表示除异常值以外的数据中的最小值。

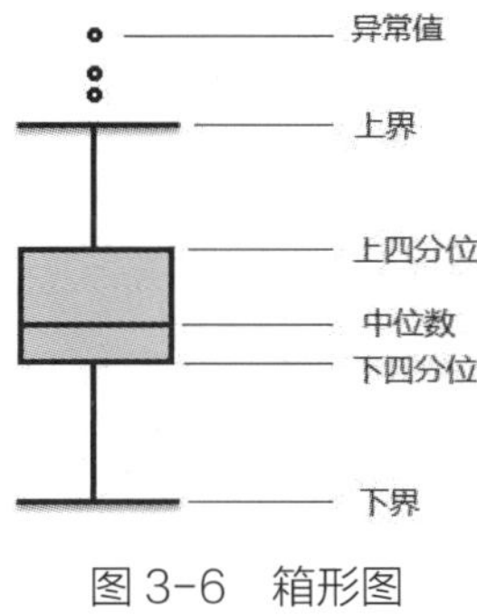

图 3-6　箱形图

为了能够从箱形图中查看异常值，pandas 中提供了一个 boxplot()方法，专门用来绘制箱形图。

```
In[90]: import pandas as pd
        %matplotlib inline
        df=pd.DataFrame({'A': [280, 30, 50, 40],
                         'B': [40,50,4000,300,],
                         'C': [50,60,55,30]})
        df.boxplot(column=['A', 'B', 'C'])
```

上方代码运行输出的箱形图如图 3-7 所示。

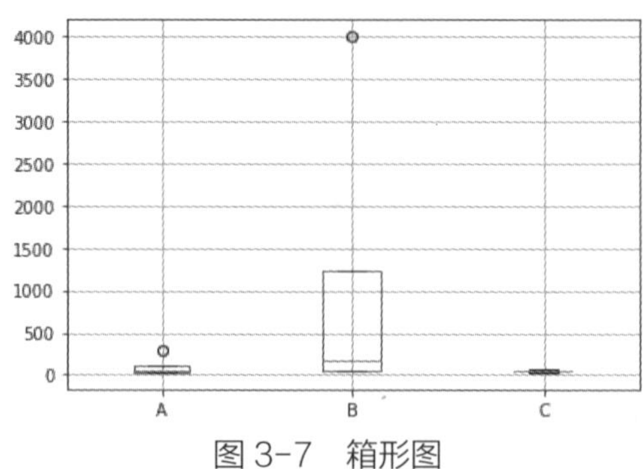

图 3-7 箱形图

从图 3-7 所示的箱形图中可以看出，A、B 列的数据中各有一个离散点，说明箱形图成功检测出了异常值。

检测出异常值后，通常会采用以下四种方式处理这些异常值：

◎ 直接将含有异常值的记录删除。

◎ 用具体的值来进行替换，可用前后两个观测值的平均值修正该异常值。

◎ 不处理，直接在具有异常值的数据集上进行统计分析。

◎ 视为缺失值，利用缺失值的处理方法修正该异常值。

如果希望对异常值进行修改，则可以使用 replace() 方法进行替换，此方法不仅可以对单个数据进行替换，也可以对多个数据执行批量替换操作。

```
In[91]: import pandas as pd
       df=pd.DataFrame({"景点":['千佛山','泰山','崂山','三孔','蓬莱阁'],'票价': [30, 80,
       20, 388, 120]})
       df.replace(to_replace=388,value=140)
Out[91]:      景点    票价
         0    千佛山   30
         1    泰山     80
         2    崂山     20
         3    三孔     140
         4    蓬莱阁   120
```

5. 更改数据类型

在处理数据时，可能会遇到数据类型不一致的问题。例如，通过爬虫采集到的数据都是整型数据，如果在使用数据时希望保留两位小数，就需要将数据的类型转换成浮点型。

创建 pandas 数据对象时，如果没有明确指定数据的类型，则可以根据传入的数据推断出来，并且通过 dtypes 属性进行查看。

```
In[92]: import pandas as pd
        df=pd.DataFrame({'A':['1','2','4'],'B':['3','5','4']})
        df.dtypes          #查看数据的类型
Out[92]: A    object
         B    object
        dtype: object
```

还可以在创建 pandas 对象时明确指定数据的类型，即使用构造方法中的 dtype 参数指定数据的类型。

```
In[93]: import pandas as pd
        df=pd.DataFrame({'A':['1','2','4'],'B':['3','5','4']}, dtype='int')
        df.dtypes          #查看数据的类型
Out[93]: A    int32
         B    int32
        dtype: object
```

通过 astype()方法可以强制转换数据的类型。

```
In[94]: import pandas as pd
        df=pd.DataFrame({'A': ['1', '3.4', '6.2'],
                         'B': ['-5', '27', '66'],
                         'C': ['c', '3.0', '0']})
        df.dtypes
        df['B'].astype(dtype='int')
Out[94]: A    object
         B    object
         C    object
        dtype: object
        0   -5
        1   27
        2   66
        Name: B, dtype: int32
```

astype()方法存在着一些局限性，只要待转换的数据中存在非数字字符，在使用 astype()方法进行类型转换时就会出现错误，而 to_numeric()函数的出现正好解决了这个问题。

```
In[95]: import pandas as pd
        ser_obj=pd.Series(['1', '3.4', '6.2'])
        ser_obj
Out[95]: 0    1
         1  3.4
         2  6.2
        dtype: object
```

to_numeric()函数可以将传入的参数转换为数值类型。

```
In[96]: #转换 object 类型为 float 类型
        import pandas as pd
        pd.to_numeric(ser_obj, errors='raise')
Out[96]: 0   1.0
         1   3.4
         2   6.2
        dtype: float64
```

任务实现

本次任务的数据源如图 3-8 所示，数据文件名为“山东景点信息 .csv”。

	A	B	C	D	E	F
1	名称	景区类型	位置	评分	门票	评论条数
2	台儿庄古城	5A景区	山东省枣庄市	4.9	145	10671
3	泰山	5A景区	山东省泰安市	4.9	28	20164
4	青岛海底世界	4A景区	山东省青岛市	4.9	64.9	22447
5	天下第一泉风景区	5A景区	山东省济南市	5	28	5866
6	千佛山	4A景区	山东省济南市	4.9	28	9427
7	崂山	5A景区	山东省青岛市	4.8	70	7440
8	蓬莱阁	5A景区	山东省蓬莱市	4.8	105	9285
9	朱家峪旅游区	4A景区	山东省济南市		12	95265
10	崂山	5A景区	山东省青岛市	4.8	70	7440
11	刘公岛	5A景区	山东省威海市	4.9	31	13651
12	青岛啤酒博物馆	4A景区	山东省青岛市	4.9	42.5	14140
13	泉城欧乐堡梦幻世界	4A景区	山东省德州市	4.9	1800	2269
14	济南植物园	4A景区	山东省济南市	4.9	27	1924
15	三孔	5A景区	山东省曲阜市	4.9	50	4075
16	海军博物馆	3A景区	山东省青岛市	4.8	13	10036
17	青岛方特梦幻王国	4A景区	山东省青岛市	4.9	200	8437
18	济南野生动物世界	4A景区	山东省济南市	4.9	27	3073
19	龙口南山旅游区	5A景区	山东省烟台市	4.9	55	2654
20	红叶谷	4A景区	山东省烟台市	4.6	0	633
21	长岛	4A景区	山东省烟台市	4.8	80	5414
22	威海华夏城景区	5A景区	山东省威海市	4.9	80	3033
23	青云山民俗游乐园	4A景区	山东省潍坊市	4.7	0	361
24	大明湖	4A景区	山东省济南市	4.8	28	3380
25	青岛金沙滩景区	4A景区	山东省青岛市	4.7	0	1022
26	蓬莱海洋极地世界	4A景区	山东省烟台市	4.8	100	3706
27	八仙过海景区	5A景区	山东省烟台市	4.7	40	1261
28	临沂动植物园	4A景区	山东省临沂市	4.9	23	3003
29	济南植物园	4A景区	山东省济南市	4.9	27	1924
30	青岛葡萄酒博物馆	4A景区	山东省青岛市	4.8	40	912
31	黑虎泉	5A景区	山东省济南市	4.7	0	1673
32	成山头风景名胜区	4A景区	山东省威海市		150	1350
33	临沂动植物园	4A景区	山东省临沂市	4.9	23	3003
34						

山东景点信息

图 3-8　山东景点信息 .csv

通过观察，文件“山东景点信息 .csv”中存在重复的数据（如第 7 行和 10 行），同时存在缺失值（第 9 行），对这些有问题的数据一步一步进行检测，然后加以处理。

1. 将数据源文件导入程序

由于数据都存放在 CSV 文件中，需要使用 pandas 提供的读取 CSV 文件方法 read_csv()方法。从文件“山东景点信息 .csv”中读取数据，转换成 DataFrame 对象展示，具体实现如下。若文件出现编码提示问题，需要把“山东景点信息 .csv”的编码方式改为 utf-8。

```
In[97]: import pandas as pd
        df=pd.read_csv('山东景点信息 .csv')
        print(df)
Out[97]:
        名称              景区类型    位置          评分    门票     评论条数
0  台儿庄古城           5A 景区    山东省枣庄市  4.9     145.0   10671
1  泰山                 5A 景区    山东省泰安市  4.9     28.0    20164
2  青岛海底世界         4A 景区    山东省青岛市  4.9     64.9    22447
3  天下第一泉风景区     5A 景区    山东省济南市  5.0     28.0    5866
4  千佛山               4A 景区    山东省济南市  4.9     28.0    9427
5  崂山                 5A 景区    山东省青岛市  4.8     70.0    7440
6  蓬莱阁               5A 景区    山东省蓬莱市  4.8     105.0   9285
7  朱家峪旅游区         4A 景区    山东省济南市  NaN     12.0    95265
8  崂山                 5A 景区    山东省青岛市  4.8     70.0    7440
9  刘公岛               5A 景区    山东省威海市  4.9     31.0    13651
10 青岛啤酒博物馆       4A 景区    山东省青岛市  4.9     42.5    14140
11 泉城欧乐堡梦幻世界   4A 景区    山东省德州市  4.9     180.0   2269
12 济南植物园           4A 景区    山东省济南市  4.9     27.0    1924
13 三孔                 5A 景区    山东省曲阜市  4.9     50.0    4075
14 海军博物馆           3A 景区    山东省青岛市  4.8     13.0    10036
15 青岛方特梦幻王国     4A 景区    山东省青岛市  4.9     200.0   8437
16 济南野生动物世界     4A 景区    山东省济南市  4.9     27.0    3073
17 龙口南山旅游区       5A 景区    山东省烟台市  4.9     55.0    2654
18 红叶谷               4A 景区    山东省烟台市  4.6     0.0     633
19 长岛                 4A 景区    山东省烟台市  4.8     80.0    5414
20 威海华夏城景区       5A 景区    山东省威海市  4.9     80.0    3033
21 青云山民俗游乐园     4A 景区    山东省潍坊市  4.7     0.0     361
```

```
22 大明湖          4A 景区   山东省济南市  4.8    28.0    3380
23 青岛金沙滩景区    4A 景区   山东省青岛市  4.7    0.0     1022
24 蓬莱海洋极地世界  4A 景区   山东省烟台市  4.8    100.0   3706
25 八仙过海景区      5A 景区   山东省烟台市  4.7    40.0    1261
26 临沂动植物园      4A 景区   山东省临沂市  4.9    23.0    3003
27 济南植物园        4A 景区   山东省济南市  4.9    27.0    1924
28 青岛葡萄酒博物馆  4A 景区   山东省青岛市  4.8    40.0    912
29 黑虎泉           5A 景区   山东省济南市  4.7    0.0     1673
30 成山头风景名胜区  4A 景区   山东省威海市  NaN    150.0   1350
31 临沂动植物园      4A 景区   山东省临沂市  4.9    23.0    3003
```

2. 检测并处理数据中的空值和缺失值

缺失值的处理可以使用 isnull()函数进行检测，如果返回结果中有 True 值，表示数据中存在缺失数据。调用 isnull()函数检测 df 中是否有缺失值，具体代码如下。

```
In[98]: df.isnull()
Out[98]:
     名称    景区类型   位置    评分   门票   评论条数
0    False   False     False  False  False  False
1    False   False     False  False  False  False
2    False   False     False  False  False  False
3    False   False     False  False  False  False
4    False   False     False  False  False  False
5    False   False     False  False  False  False
6    False   False     False  False  False  False
7    False   False     False  True   False  False
8    False   False     False  False  False  False
9    False   False     False  False  False  False
10   False   False     False  False  False  False
11   False   False     False  False  False  False
12   False   False     False  False  False  False
13   False   False     False  False  False  False
14   False   False     False  False  False  False
15   False   False     False  False  False  False
```

```
16    False    False        False    False    False    False
17    False    False        False    False    False    False
18    False    False        False    False    False    False
19    False    False        False    False    False    False
20    False    False        False    False    False    False
21    False    False        False    False    False    False
22    False    False        False    False    False    False
23    False    False        False    False    False    False
24    False    False        False    False    False    False
25    False    False        False    False    False    False
26    False    False        False    False    False    False
27    False    False        False    False    False    False
28    False    False        False    False    False    False
29    False    False        False    False    False    False
30    False    False        False    True     False    False
31    False    False        False    False    False    False
```

缺失值检测结果显示，索引为 7 和 30 的行中有 True 值，这表明该行存在缺失数据。处理缺失值主要有删除数据、数据补齐、暂不处理三种。若采用删除数据或者暂不处理，则会影响数据的完整性，因此这里采用数据补齐的方法处理缺失数据。

一般来说，对缺失值的填充方法有多种，数据挖掘中常用的有以下几种：

（1）人工填写（filling manually）。

由于最了解数据的还是用户自己，因此这种方法产生的数据偏离最小，可能是填充效果最好的一种。然而一般来说，该方法很费时，当数据规模很大、空值很多的时候，该方法是不可行的。

（2）特殊值填充（treating missing attribute values as special values）。

即将空值作为一种特殊的属性值来处理，它不同于其他的任何属性值。例如，所有的空值都用“unknown”填充，这样将形成另一个有趣的概念，可能导致严重的数据偏离，一般不推荐使用。

（3）平均值填充（mean/mode completer）。

此方法将信息表中的属性分为数值属性和非数值属性来分别进行处理。如果空值是数值型的，就根据其他所有对象该属性的取值的平均值来填充该缺失的属性值；如果空值是非数值型的，就根据统计学中的众数原理，用其他所有对象该属性的取值次数最多的值（即出现频率最高的值）来补齐该缺失的属性值。

细心观察数据，发现这里只有“评分”这列数据有缺失值，这里我们选择平均值作为填充数据。具体代码如下：

```
In[44]: rating=float("{:.1f}".format(df['评分'].mean()))
        value={'评分':rating}
        df=df.fillna(value=value)
        df
Out[99]:
        名称              景区类型      位置          评分   门票     评论条数
0  台儿庄古城             5A 景区    山东省枣庄市    4.9    145.0    10671
1  泰山                   5A 景区    山东省泰安市    4.9    28.0     20164
2  青岛海底世界           4A 景区    山东省青岛市    4.9    64.9     22447
3  天下第一泉风景区       5A 景区    山东省济南市    5.0    28.0     5866
4  千佛山                 4A 景区    山东省济南市    4.9    28.0     9427
5  崂山                   5A 景区    山东省青岛市    4.8    70.0     7440
6  蓬莱阁                 5A 景区    山东省蓬莱市    4.8    105.0    9285
7  朱家峪旅游区           4A 景区    山东省济南市    4.8    12.0     95265
8  崂山                   5A 景区    山东省青岛市    4.8    70.0     7440
9  刘公岛                 5A 景区    山东省威海市    4.9    31.0     13651
10 青岛啤酒博物馆         4A 景区    山东省青岛市    4.9    42.5     14140
11 泉城欧乐堡梦幻世界     4A 景区    山东省德州市    4.9    180.0    2269
12 济南植物园             4A 景区    山东省济南市    4.9    27.0     1924
13 三孔                   5A 景区    山东省曲阜市    4.9    50.0     4075
14 海军博物馆             3A 景区    山东省青岛市    4.8    13.0     10036
15 青岛方特梦幻王国       4A 景区    山东省青岛市    4.9    200.0    8437
16 济南野生动物世界       4A 景区    山东省济南市    4.9    27.0     3073
17 龙口南山旅游区         5A 景区    山东省烟台市    4.9    55.0     2654
18 红叶谷                 4A 景区    山东省烟台市    4.6    0.0      633
19 长岛                   4A 景区    山东省烟台市    4.8    80.0     5414
20 威海华夏城景区         5A 景区    山东省威海市    4.9    80.0     3033
21 青云山民俗游乐园       4A 景区    山东省潍坊市    4.7    0.0      361
22 大明湖                 4A 景区    山东省济南市    4.8    28.0     3380
23 青岛金沙滩景区         4A 景区    山东省青岛市    4.7    0.0      1022
24 蓬莱海洋极地世界       4A 景区    山东省烟台市    4.8    100.0    3706
25 八仙过海景区           5A 景区    山东省烟台市    4.7    40.0     1261
```

```
26 临沂动植物园        4A 景区    山东省临沂市 4.9    23.0    3003
27 济南植物园          4A 景区    山东省济南市 4.9    27.0    1924
28 青岛葡萄酒博物馆    4A 景区    山东省青岛市 4.8    40.0    912
29 黑虎泉              5A 景区    山东省济南市 4.7    0.0     1673
30 成山头风景名胜区    4A 景区    山东省威海市 4.8    150.0   1350
31 临沂动植物园        4A 景区    山东省临沂市 4.9    23.0    3003
```

上述代码计算了“评分”列的平均值，由于该列保存了一位小数，所以这里使用格式化字符串使平均值保留了一位小数，并强制转换成 float 类型，然后通过 fillna() 方法将平均值填充到缺失值所在的位置。

从输出结果看，之前的 NaN 值已经被成功替代了。

3. 检测并处理数据中的重复值

pandas 中使用 duplicated()方法用于标记对象的数据是否重复，重复则标记为 True，不重复则标记为 False。下面调用 duplicated()方法检测 df 对象，具体代码如下：

```
In[100]: df.duplicated()
Out[100]:
0    False
1    False
2    False
3    False
4    False
5    False
6    False
7    False
8    True
9    False
10   False
11   False
12   False
13   False
14   False
15   False
16   False
17   False
```

```
18    False
19    False
20    False
21    False
22    False
23    False
24    False
25    False
26    False
27    True
28    False
29    False
30    False
31    True
dtype: bool
```

从结果可以看出，索引为 8、27、31 的行的标记为 True，是重复值，需要对重复的数据进行处理。pandas 中使用 drop_duplicates()方法用于删除对象的重复数据。下面调用 drop_duplicates()方法删除重复值，具体代码如下：

```
In[101]: df=df.drop_duplicates()
         df
Out[101]:
         名称              景区类型    位置          评分   门票     评论条数
0  台儿庄古城             5A 景区    山东省枣庄市   4.9    145.0    10671
1  泰山                   5A 景区    山东省泰安市   4.9    28.0     20164
2  青岛海底世界           4A 景区    山东省青岛市   4.9    64.9     22447
3  天下第一泉风景区       5A 景区    山东省济南市   5.0    28.0     5866
4  千佛山                 4A 景区    山东省济南市   4.9    28.0     9427
5  崂山                   5A 景区    山东省青岛市   4.8    70.0     7440
6  蓬莱阁                 5A 景区    山东省蓬莱市   4.8    105.0    9285
7  朱家峪旅游区           4A 景区    山东省济南市   4.8    12.0     95265
9  刘公岛                 5A 景区    山东省威海市   4.9    31.0     13651
10  青岛啤酒博物馆        4A 景区    山东省青岛市   4.9    42.5     14140
11  泉城欧乐堡梦幻世界    4A 景区    山东省德州市   4.9    180.0    2269
12  济南植物园            4A 景区    山东省济南市   4.9    27.0     1924
```

```
13 三孔            5A 景区   山东省曲阜市 4.9   50.0    4075
14 海军博物馆       3A 景区   山东省青岛市 4.8   13.0    10036
15 青岛方特梦幻王国  4A 景区   山东省青岛市 4.9   200.0   8437
16 济南野生动物世界  4A 景区   山东省济南市 4.9   27.0    3073
17 龙口南山旅游区    5A 景区   山东省烟台市 4.9   55.0    2654
18 红叶谷           4A 景区   山东省烟台市 4.6   0.0     633
19 长岛            4A 景区   山东省烟台市 4.8   80.0    5414
20 威海华夏城景区    5A 景区   山东省威海市 4.9   80.0    3033
21 青云山民俗游乐园  4A 景区   山东省潍坊市 4.7   0       361
22 大明湖           4A 景区   山东省济南市 4.8   28.0    3380
23 青岛金沙滩景区    4A 景区   山东省青岛市 4.7   0       1022
24 蓬莱海洋极地世界  4A 景区   山东省烟台市 4.8   100.0   3706
25 八仙过海景区      5A 景区   山东省烟台市 4.7   40.0    1261
26 临沂动植物园      4A 景区   山东省临沂市 4.9   23.0    3003
28 青岛葡萄酒博物馆  4A 景区   山东省青岛市 4.8   40.0    912
29 黑虎泉           5A 景区   山东省济南市 4.7   0.0     1673
30 成山头风景名胜区  4A 景区   山东省威海市 4.8   150.0   1350
```

4. 检测并处理数据中的异常值

数据集中所有数据确保补充完整之后，便可以对它们进行异常值的检测。由于箱形图表现异常值的方式更直观，这里使用箱形图进行检测。箱形图是数值数据通过其四分位数形成的图形化描述，这是一种非常简单但有效的可视化离群点的方法。考虑把上下触须作为数据分布的边界，任何高于上触须或低于下触须的数据点都可以认为是离群点或异常值。

Python 代码中字体一般默认没有中文字体，所以无法显示汉字，一旦绘图中横坐标涉及了中文，一般会显示乱码，所以需要在代码导入库部分手动添加中文字体的名称代码。

```
from pylab import *
plt.rcParams['font.sans-serif']=['SimHei']
```

```
In[102]: df.boxplot(column=['评分','门票','评论条数'])
```

输出结果如图 3-9 所示。

```
<AxesSubplot:>
```

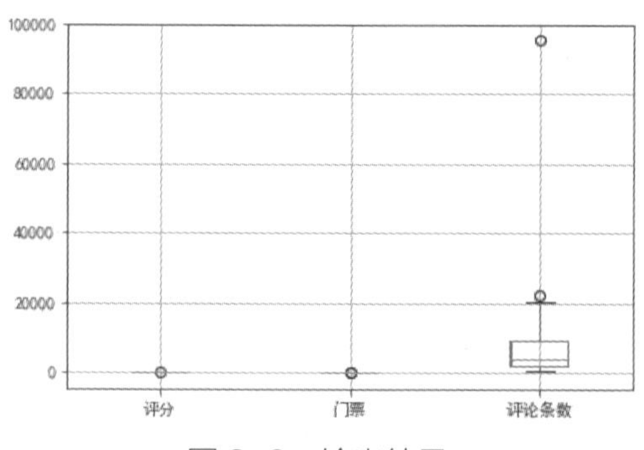

图 3-9　输出结果

从图 3-9 可以看出，这组数据中存在异常值。在评论条数这列数据中有一个明显高于其他值（大于 80 000）的数据。与原始的 df 对象进行对照，发现这个值是朱家峪旅游区的评论条数，数值远远高于其他景点的评论条数，属于异常值，因此最终决定将这行数据删除。具体代码如下：

```
In[103]: df=df.drop([7])
         df
Out[103]:
        名称              景区类型      位置          评分    门票     评论条数
0  台儿庄古城             5A 景区   山东省枣庄市   4.9   145.0   10671
1  泰山                   5A 景区   山东省泰安市   4.9   28.0    20164
2  青岛海底世界           4A 景区   山东省青岛市   4.9   64.9    22447
3  天下第一泉风景区       5A 景区   山东省济南市   5.0   28.0    5866
4  千佛山                 4A 景区   山东省济南市   4.9   28.0    9427
5  崂山                   5A 景区   山东省青岛市   4.8   70.0    7440
6  蓬莱阁                 5A 景区   山东省蓬莱市   4.8   105.0   9285
9  刘公岛                 5A 景区   山东省威海市   4.9   31.0    13651
10  青岛啤酒博物馆        4A 景区   山东省青岛市   4.9   42.5    14140
11  泉城欧乐堡梦幻世界    4A 景区   山东省德州市   4.9   180.0   2269
12  济南植物园            4A 景区   山东省济南市   4.9   27.0    1924
13  三孔                  5A 景区   山东省曲阜市   4.9   50.0    4075
14  海军博物馆            3A 景区   山东省青岛市   4.8   13.0    10036
15  青岛方特梦幻王国      4A 景区   山东省青岛市   4.9   200.0   8437
16  济南野生动物世界      4A 景区   山东省济南市   4.9   27.0    3073
17  龙口南山旅游区        5A 景区   山东省烟台市   4.9   55.0    2654
18  红叶谷                4A 景区   山东省烟台市   4.6   0.0     633
```

```
19 长岛           4A 景区    山东省烟台市  4.8   80.0    5414
20 威海华夏城景区     5A 景区    山东省威海市  4.9   80.0    3033
21 青云山民俗游乐园    4A 景区    山东省潍坊市  4.7   0.0     361
22 大明湖          4A 景区    山东省济南市  4.8   28.0    3380
23 青岛金沙滩景区     4A 景区    山东省青岛市  4.7   0.0     1022
24 蓬莱海洋极地世界    4A 景区    山东省烟台市  4.8   100.0   3706
25 八仙过海景区      5A 景区    山东省烟台市  4.7   40.0    1261
26 临沂动植物园      4A 景区    山东省临沂市  4.9   23.0    3003
28 青岛葡萄酒博物馆    4A 景区    山东省青岛市  4.8   40.0    912
29 黑虎泉          5A 景区    山东省济南市  4.7   0.0     1673
30 成山头风景名胜区    4A 景区    山东省威海市  4.8   150.0   1350
```

5. 查看数据类型

数据的类型可以通过 dtypes()函数查看,具体代码如下:

```
In[104]: df.dtypes
Out[104]:
        名称      object
        景区类型    object
        位置      object
        评分      float64
        门票      float64
        评论条数    int64
        dtype: object
```

6. 将处理的数据输出到文件

确保数据中所有数据都处理完毕之后,便可以将数据进行保存,保存到文件中。由于读取的是 CSV 文件,所以最终把数据也保存到 CSV 文件中。具体代码如下:

```
In[105]: #将 DataFrame 存储为 CSV, index 表示是否显示行名, sep 表示分隔符
        df.to_csv('山东景点信息处理结果 .csv',index=False,sep=',')
```

最终结果如图 3-10 所示。

G37

	A	B	C	D	E	F
1	名称	景区类型	位置	评分	门票	评论条数
2	台儿庄古城	5A景区	山东省枣庄市	4.9	145	10671
3	泰山	5A景区	山东省泰安市	4.9	28	20164
4	青岛海底世界	4A景区	山东省青岛市	4.9	64.9	22447
5	天下第一泉风景区	5A景区	山东省济南市	5	28	5866
6	千佛山	4A景区	山东省济南市	4.9	28	9427
7	崂山	5A景区	山东省青岛市	4.8	70	7440
8	蓬莱阁	5A景区	山东省蓬莱市	4.8	105	9285
9	刘公岛	5A景区	山东省威海市	4.9	31	13651
10	青岛啤酒博物馆	4A景区	山东省青岛市	4.9	42.5	14140
11	泉城欧乐堡梦幻世界	4A景区	山东省德州市	4.9	180	2269
12	济南植物园	4A景区	山东省济南市	4.9	27	1924
13	三孔	5A景区	山东省曲阜市	4.9	50	4075
14	海军博物馆	3A景区	山东省青岛市	4.8	13	10036
15	青岛方特梦幻王国	4A景区	山东省青岛市	4.9	200	8437
16	济南野生动物世界	4A景区	山东省济南市	4.9	27	3073
17	龙口南山旅游区	5A景区	山东省烟台市	4.9	55	2654
18	红叶谷	4A景区	山东省烟台市	4.6	0	633
19	长岛	4A景区	山东省烟台市	4.8	80	5414
20	威海华夏城景区	5A景区	山东省威海市	4.9	80	3033
21	青云山民俗游乐园	4A景区	山东省潍坊市	4.7	0	361
22	大明湖	4A景区	山东省济南市	4.8	28	3380
23	青岛金沙滩景区	4A景区	山东省青岛市	4.7	0	1022
24	蓬莱海洋极地世界	4A景区	山东省烟台市	4.8	100	3706
25	八仙过海景区	5A景区	山东省烟台市	4.7	40	1261
26	临沂动植物园	4A景区	山东省临沂市	4.9	23	3003
27	青岛葡萄酒博物馆	4A景区	山东省青岛市	4.8	40	912
28	黑虎泉	5A景区	山东省济南市	4.7	0	1673
29	成山头风景名胜区	4A景区	山东省威海市	4.8	150	1350
30						

山东景点信息处理结果

图 3-10　山东景点信息处理结果 .csv

小结

数据清洗就是把“脏”的“洗掉”，是指发现并纠正数据文件中可识别的错误的最后一道程序，包括检查数据一致性、处理无效值和缺失值等。一般来说，数据清洗是将数据精简以除去重复记录，并将剩余部分转换成标准可接收格式的过程。数据清洗标准模型是将数据输入到数据清洗处理器，通过一系列步骤“清洗”数据，然后以期望的格式输出清洗过的数据。

数据清洗是数据分析、数据挖掘中非常重要的一环，它指的是对数据进行清理、筛选、去重、格式化等操作，以确保数据质量和数据准确性。将数据清洗过程分解为不同的小任务、小结点，在简单的任务中熟悉数据清洗的要求和注意事项，在一步一步坚持中完成数据清洗项目。

项目小结

本项目主要对 pandas 的基本操作进行了介绍，让大家在每一步都非常详细的项目实践中，在水滴石穿的练习中，掌握 pandas 常用的数据结构、基本操作、文件的读取等，并且熟悉了数据清洗的步骤。通过对本项目内容的学习，希望大家在之后多多练习，并能在实际场景中选择合理的方式对数据进行处理。

练一练

现有图 3-11 所示的表格数据，请对数据进行以下操作。

	A	B	C	D
0	2	7	3	5
1	3	5	8	4
2	5	6	4	3
3	1	4	6	9
4	5	3	NAN	3
5	3	1	9	1
6	2	7	3	5

图 3-11　原始数据

（1）创建如图 3-11 所示的 DataFrame 对象。

（2）删除重复值，对缺失值进行处理，并保持数据类型一致。

（3）将处理后的数据写入 CSV 文件，命名为 write_data.csv。

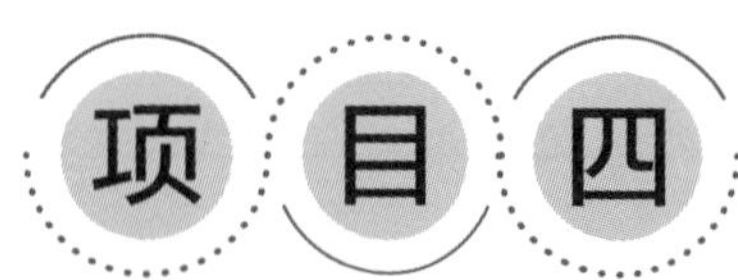

旅游景点数据可视化

学习目标

◎ 能够安装和导入 matplotlib 库。

◎ 能够根据不同的分析目的选择合适的图表类型进行展示。

◎ 能够使用 matplotlib 库进行柱状图、折线图、散点图、箱线图、饼图的绘制。

◎ 能够在一张画布中绘制多个子图。

项目描述

matplotlib 是一个用于在 Python 中创建静态、动画和交互式可视化的综合库，是 Python 中最受欢迎的数据可视化软件包之一，支持跨平台运行。matplotlib 通常与 numpy、pandas 一起使用，是数据分析中不可或缺的重要工具之一。matplotlib 中应用最广的是 matplotlib. pyplot 模块。

现有济南市 2010—2019 年的接待游客数量（单位：万人次），数据见表 4-1。如何得到数据之间更直观的关系和规律呢？可以使用 Python 中的常用绘图工具 matplotlib 库，把数据绘制成各种图表，包括柱状图、折线图、散点图、箱线图、饼图等。还可以根据实际需要将多个图表进行组合，对信息更直观地进行展示。

表 4-1　济南市 2010—2019 年的接待游客数量

单位：万人次

年度	国内外游客	国内游客	入境游客
2010	3 388.34	3 365.24	23.10
2011	4 008.50	3 979.50	29.00
2012	4 667.90	4 636.30	31.60
2013	5 126.51	5 095.79	30.72

续表

年度	国内外游客	国内游客	入境游客
2014	5 588.20	5 556.75	31.45
2015	6 094.42	6 061.13	33.29
2016	6 618.47	6 583.32	35.15
2017	7 285.61	7 248.06	37.55
2018	8 007.68	7 967.81	39.87
2019	10 026.00	9 980.34	45.66

任务一　使用柱状图数据可视化

知识引入

1. matplotlib 画图基本流程

（1）创建画布与创建子图。

一幅完整的图像实际上是各类子元素的集合。画图时，先创建最底层的 Figure（画布）对象，根据子图的个数，在 Figure 之上创建一个或多个的 Axes（坐标系）对象，每个 Axes 中都有一个 Axis（坐标轴）。Figure 和 Axes 的关系示意图如图 4-1 所示。

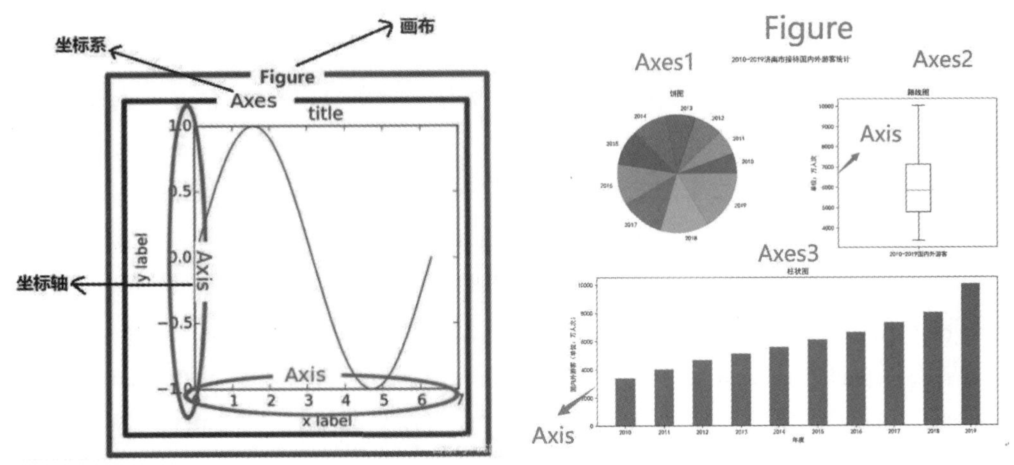

图 4-1　Figure 和 Axes 的关系示意图

在 Matplotlib 中，Figure 画布和 Axes 坐标系不可见，只能看到 Axis 坐标轴的各种图形。创建画布可以省略，可以在默认的画布上进行图形绘制。matplotlib 有以下两种最常用的绘图：

① 显式创建 Figure 和 Axes。适合在一张画布上绘制多个图形。

② 依赖 pyplot 自动创建 Figure 和 Axes，并绘图。适合绘制单个图形，使用方便简捷。

（2）图形绘制，添加画布内容。

使用对应的函数进行图形绘制，同时需要为图形添加标题、坐标轴名称等属性。添加标题、添加坐标轴名称、绘制图形等步骤是并列的，没有先后顺序，可以先绘制图形，也可以先添加各类标签。但是添加图例一定要在绘制图形之后。pyplot 中添加各类标签和图例的函数见表 4–2。

表 4-2 pyplot 中添加各类标签和图例的函数

函数名称	函数说明
plt.title	在当前图形中添加标题
plt.xlabel	在当前图形中添加 x 轴标签名称
plt.ylabel	在当前图形中添加 y 轴标签名称
plt.xticks	指定 x 轴刻度的数目与取值
plt.yticks	指定 y 轴刻度的数目与取值
plt.xlim	设置当前图形 x 轴的范围
plt.ylim	设置当前图形 y 轴的范围
plt.legend	指定当前图形的图例

（3）保存和显示图形。

要想保存当前生成的图形，可以调用 savefig()函数进行保存。

```
savefig(fname, dpi=None, facecolor='w', edgecolor='w', …)
```

◎ fname：包含文件名路径或 Python 文件型对象的字符串。

◎ dpi：指定图片的分辨率，默认是 100。

◎ facecolor, edgecolor：子图之外的图形背景颜色，默认是 'w'。

◎ bbox_inches：要保存的图片范围，设置为 tight 则去除图片周围的空白。

此外，在 Jupyter Notebook 中，还可以在图形上右击将其另存为图片，或在 PyCharm 显示图形的窗口中，单击“保存”按钮进行保存。

如果不保存图形而只是显示图形，则使用 plt.show()函数。如果在 PyCharm 中绘图，必须要加这句代码才能显示。如果在 Jupyter Notebook 中进行绘图，可以不用加这句代码，而是自动显示。

2. matplotlib 库模块的安装与导入

（1）安装。

```
pip install matplotlib
```

（2）导入。

使用 matplotlib 绘制图表，需要先导入绘制图表的模块 pyplot，导入方式如下：

```
import matplotlib.pyplot as plt
```

如果要在 Jupyter Notebook 中绘图，则需要增加以下魔术命令：

%matplotlib inline　　将生成的静态图嵌入 Notebook 中

%matplotlib notebook　　将生成的交互式图嵌入 Notebook 中

3. 用 figure() 函数创建画布

创建画布有两种方式：隐式创建和显式创建。

隐式创建指的是使用 pyplot 模块中默认的 Figure 对象。当第一次执行 plt.xxx() 画图代码时（例如 plt.bar()或 plt.plot()等方法），系统会判断是否已经有了 Figure 对象。如果没有，系统会自动创建一个 Figure 对象，并在这个 Figure 之上自动创建一个 Axes 坐标系（注意：默认创建一个 Figure 对象、一个 Axes 坐标系）。

如果不希望在默认的画布上绘制图形或者希望在同一画布上绘制多个图形，则需要显式创建。可以调用 figure()函数构建一张新的空白画布，其语法格式如下：

```
matplotlib.pyplot.figure(num=None,figsize=None,dpi=None,facecolor=None,edgecolor=
None, …,** kwargs)
```

◎ num：表示图形的编号或名称。

◎ figsize：用于设置画布的尺寸，宽度、高度以英寸为单位。

◎ dpi：用于设置图形的分辨率。

◎ facecolor：用于设置画布的背景颜色。

◎ edgecolor：用于显示边框颜色

4. 柱状图

柱状图也称柱形图，是一种用矩形柱来表示数据分类的图表。柱状图可以垂直绘制，也可以水平绘制，它的高度与其所表示的数值成正比关系。柱状图显示了不同类别之间的比较关系，图表的水平轴 x 指定被比较的类别，垂直轴 y 则表示具体的类别值。

matplotlib 提供了 bar()函数来绘制，其语法格式如下：

```
bar(x, height, width, *, align='center', **kwargs)
```

◎ x：表示 x 轴的数据。

◎ height：表示柱形的高度。

◎ width:表示柱形的宽度,默认为 0.8。

◎ color:表示柱形的颜色。

◎ edgecolor:表示柱形边框的颜色。

任务实现

(1)读取数据。导入 pandas 库,使用 pandas 读取济南市接待游客数量.csv,运行结果如下:

```
In[1]: #导入 pandas 库
       import pandas as pd
       # 读文件,encoding 设置解码方式
       data=pd.read_csv("济南市接待游客数量 .csv",encoding="gbk")
       data
```

Out[1]:

	统计年度	国内外游客(万人次)	国内游客(万人次)	入境游客(万人次)
0	2010	3388.34	3365.24	23.10
1	2011	4008.50	3979.50	29.00
2	2012	4667.90	4636.30	31.60
3	2013	5126.51	5095.79	30.72
4	2014	5588.20	5556.75	31.45
5	2015	6094.42	6061.13	33.29
6	2016	6618.47	6583.32	35.15
7	2017	7285.61	7248.06	37.55
8	2018	8007.68	7967.81	39.87
9	2019	10026.00	9980.34	45.66

备注:"gbk"代表中文中的"国标扩展",是我国广泛使用的字符编码。如果 CSV 文件包含中文字符,重要的是指定正确的编码,即 enconding="gbk",以确保 pandas 能够正确显示中文字符。

(2)导入 matplotlib 库,使用默认的 Figure 对象,并使用 matplotlib 的 bar()函数生成柱状图。

```
In[2]: import matplotlib.pyplot as plt              #导入 matplotlib 库的 pyplot 模块
       year=['2010','2011','2012','2013','2014','2015','2016','2017', 2018','2019']
                                                     #x 轴显示标签
       tourist=data[" 国内外游客( 万人次 )"]          #获取国内外游客人数
       plt.bar(year,tourist)                         #plt.bar()生成柱状图
       plt.show()                                    #使用 show()展示图形
```

运行结果如图 4-2 所示。

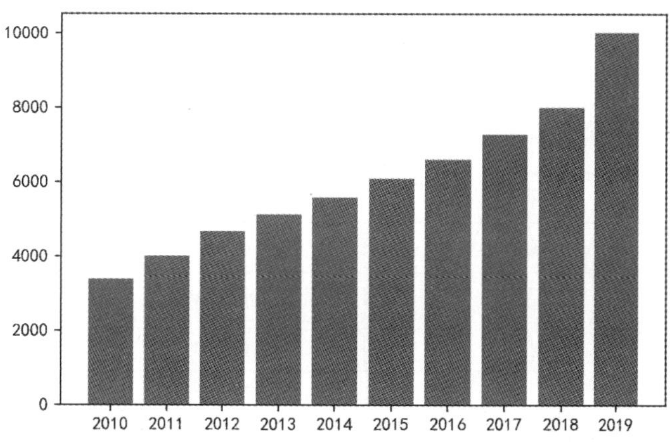

图 4-2　2010—2019 年济南市接待国内外游客数量柱状图

（3）为图形添加标题、x 轴标签、y 轴标签，改变柱状图颜色，设置分辨率，保存图形。

```
In[3]:  import matplotlib.pyplot as plt                    #导入 matplotlib 库的 pyplot 模块
        plt.rcParams['font.sans-serif']=['SimHei']     #使图形中的中文正常编码显示
        year=['2010','2011','2012','2013','2014','2015','2016','2017', '2018','2019']
                                                             #x 轴显示标签
        tourist=data["国内外游客(万人次)"]                  #获取国内外游客人数
        plt.bar(year,tourist,color="green")                  #plt.bar()生成柱状图
        plt.xlabel("年度")                                   #设置 x 轴标签
        plt.ylabel("国内外游客(单位:万人次)")                #设置 y 轴标签
        plt.title("2010—2019 年济南市接待国内外游客数量柱状图")  #设置图形标题
        plt.savefig('2010—2019 年济南市接待国内外游客数量柱状图.jpg',dpi=400,
        bbox_inches='tight')                                 #保存图片
        plt.show()                                           #使用 show()展示图形
```

运行结果如图 4–3 所示。

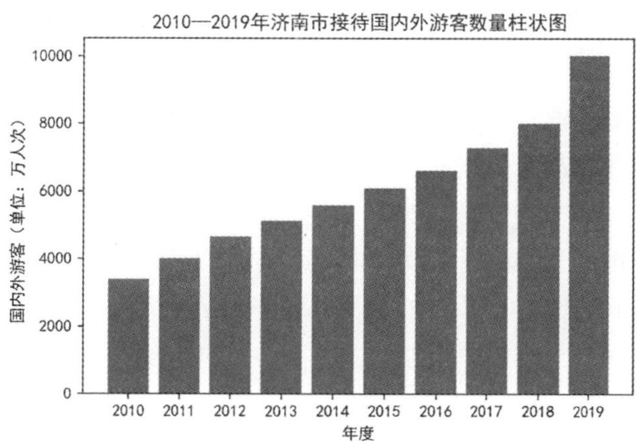

图 4-3　2010—2019 年济南市接待国内外游客数量柱状图

线条颜色使用 color 参数控制，它支持表 4–3 所列举的颜色值。

表 4-3　color 参数的常用颜色值

颜色值	说　明	颜色值	说　明
b（blue）	蓝色	g（green）	绿色
r（red）	红色	c（cyan）	青色
m（magenta）	品红	y（yellow）	黄色
k（black）	黑色	w（white）	白色

任务二　同一图形中使用多组柱状图数据可视化

```
In[4]: import matplotlib.pyplot as plt                  #导入 matplotlib 库的 pyplot 模块
       year=['2010','2011','2012','2013','2014','2015','2016','2017', '2018','2019']
                                                        #x 轴显示标签
       tourist=data["国内外游客( 万人次 )"]              #获取国内外游客人数
       tourist_Int=data["国内游客( 万人次 )"]            #获取国内游客人数
       plt.figure(figsize=(12,6))                       #设置画布大小
       x=range(10)
       x1=[i+0.3 for i in x]                            #生成第二组数据柱状图的 x 轴位置
       x2=[i+0.15 for i in x]                           #生成 x 轴标签的 x 轴位置
       plt.bar(x,tourist,width=0.3,label="国内外游客")        #生成国内外游客柱状图
       plt.bar(x1,tourist_Int,width=0.3,label="国内游客")     #生成国内游客柱状图
       plt.xticks(x2,year)                              #生成 x 轴标签
       plt.title("2010—2019 年济南市接待游客数量及国内游客数量")
                                                        #设置图形标题
       plt.xlabel("年度")                               #设置 x 轴标签
       plt.ylabel("单位：万人次")                        #设置 y 轴标签
       plt.legend()                                     #显示图形图例
       plt.savefig('2010—2019 年济南市接待游客数量及国内游客数量 .jpg',dpi=400,
       bbox_inches='tight')                             #保存图片
       plt.show()                                       #使用 show()展示图形
```

运行结果如图 4-4 所示。

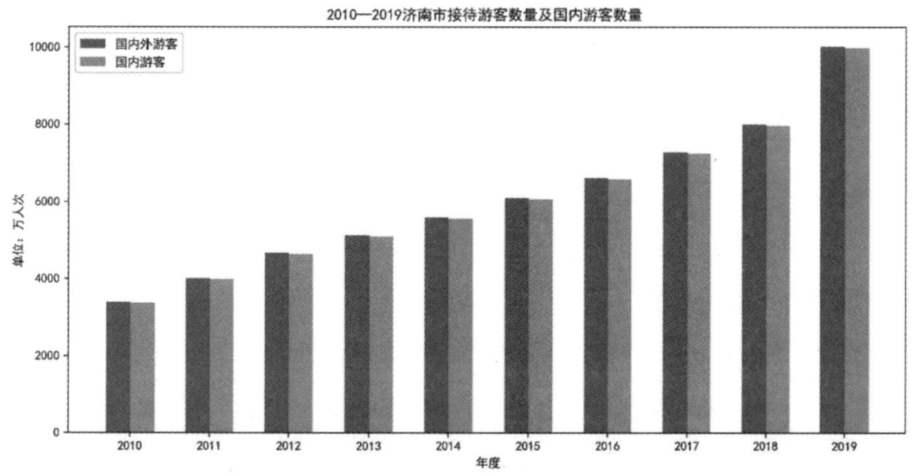

图 4-4 2010—2019 年济南市接待游客数量及国内游客数量柱状图

任务三 使用折线图数据可视化

知识引入

1. 折线图

折线图是一种将数据点按照顺序连接起来的图形，x 轴通常用作连续时间间隔或有序类别，y 轴用于量化的数据。其主要功能是查看因变量 y 随着自变量 x 改变的趋势，可以看出随时间而变化的连续数据的增长变化趋势。

2. plot 函数

matplotlib 提供了 plot 函数来绘制折线图，其语法格式如下：

```
plt.plot(x,y,linestyle,linewidth,color,marker,markersize,markeredgecolor, markerfactcolor, label, alpha)
```

各参数的定义如下：

◎ x：指定折线图的 x 轴数据。

◎ y：指定折线图的 y 轴数据。

◎ linestyle：指定折线的类型，可以是实线、虚线、点虚线、点点线等，默认为实线，参数支持的样式值见表 4-4。

表 4-4　linestyle 参数支持的样式值

线型值	说　明	线型值	说　明
'-'	实线	'-.'	短点相间线
'--'	长虚线	':'	短虚线

◎ linewidth：指定折线的宽度。

◎ marker：可以为折线图添加点，该参数是设置点的形状标记风格，使用 marker 参数控制，它支持的标记值见表 4-5。

表 4-5　marker 参数支持的标记值

标记值	说　明	标记值	说　明
'o'	实心圆圈	'D'	菱形
'h'	六边形 1	'H'	六边形 2
'8'	八边形	'p'	五边形
'+'	加号	'.'	点
's'	正方形	'*'	星形
'>'	一角朝右的三角形	'<'	一角朝左的三角形

◎ markersize：设置点的大小。

◎ markeredgecolor：设置点的边框色。

◎ markerfacecolor：设置点的填充色。

◎ label：为折线图添加标签，类似于图例的作用。

3. 文本注解

绘图时，有时需要在图表中加文本注解。可以通过 text 函数在指定位置(x,y)加入文本注解，也可以利用 annotate 函数在图中实现带有指向型的文本注释。两个函数的语法格式如下：

```
plt.text(x,y,s,fontdict=None, **kwargs)
```

其中，x，y 表示显示文本的坐标位置；s 表示显示的字符串。

```
plt.annotate(s,xy,xytext=None,xycoords='data',textcoords=None, arrowprops=None,
annotation_clip=None, **kwargs)
```

其中的几个关键参数意义如下：

◎ s 为注释文本内容。

◎ xy 为被注释的坐标点，二维元组形如(x，y)。

◎ xytext 为注释文本的坐标点，也是二维元组，默认与 xy 相同。

◎ xycoords 设置被注释点的坐标系属性，通常 xycoords 的值为 'data'，即以被注释的坐标点 xy 为参考。

◎ textcoords 设置注释文本的坐标系属性。

◎ arrowprops 为箭头参数，参数类型为字典 dict。

任务实现

```
In[5]: import matplotlib.pyplot as plt                     #导入 matplotlib 库的 pyplot 模块
       plt.rcParams['font.sans-serif']=['SimHei']      #使图形中的中文正常编码显示
       year=['2010','2011','2012','2013','2014','2015','2016','2017', '2018','2019']
                                                      #x 轴显示标签
       tourist=data["国内外游客(万人次)"]              #使用 dataframe 获取国内外游客人数
       plt.plot(year,tourist,marker='s',linestyle='dotted',c='black',label='Income')
                                                      #plt.plot()生成折线图
       plt.xlabel("年度")                              #设置 x 轴标签
       plt.ylabel("国内外游客(单位:万人次)")           #设置 y 轴标签
       plt.title("2010—2019 年济南市接待国内外游客折线图")    #设置图形标题
       plt.annotate('Largest!',xy=(9,10026),xytext=(7,9090),arrowprops=dict(arrowstyle =
       '->',color='r'),color='r') #annotate()函数主要用于在图表中给数据添加标注文字
       plt.grid()                                      #绘制刻度线的网格线
       plt.savefig('2010—2019 年济南市接待国内外游客数量折线图.jpg',dpi=400,
       bbox_inches='tight')                            #保存图片
       plt.show()                                      #使用 show()展示图形
```

运行结果如图 4-5 所示。

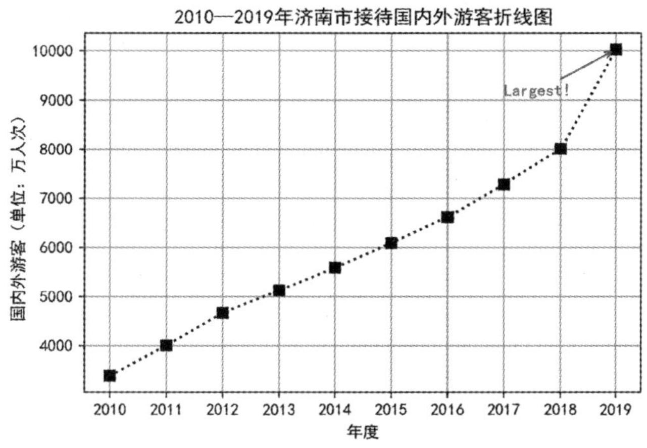

图 4-5　2010—2019 年济南市接待国内外游客折线图

任务四　使用散点图数据可视化

知识引入

1. 散点图

散点图又称散点分布图，是以一个特征为横坐标，以另一个特征为纵坐标，使用坐标点(散点)的分布形态反映特征间统计关系的一种图形。散点图主要用于分析特征间的相互关系，可以查看特征之间是否存在数值或者数量的关联趋势，是线性的还是非线性的，也可以方便地查看离群点。

2. scatter 函数

matplotlib 提供了 scatter 函数来绘制散点图，其语法格式如下：

```
matplotlib.pyplot.scatter(x, y, s=None, c=None, marker=None, alpha=None, linewidths=None, …, **kwargs)
```

其中的主要参数意义如下：

◎ x，y：表示 x 轴和 y 轴对应的数据，无默认。

◎ s：指定点的大小。

◎ c：指定散点的颜色。

◎ marker：表示绘制的散点类型。

◎ alpha：表示点的透明度，接收 0 ~ 1 之间的小数。

任务实现

```
In[6]: import matplotlib.pyplot as plt                #导入 matplotlib 库的 pyplot 模块
       plt.rcParams['font.sans-serif']=['SimHei']     #使图形中的中文正常编码显示
       year=['2010','2011','2012','2013','2014','2015','2016','2017', '2018','2019']
                                                      #x 轴显示标签
       tourist_nei=data["国内游客(万人次)"]           #使用 dataframe 获取国内游客人数
       tourist_wai=data["入境游客(万人次)"]           #使用 dataframe 获取国外游客人数
       plt.scatter(year,tourist_nei,label="国内游客")    #plt.scatter()生成散点图
       plt.scatter(year,tourist_wai,label="入境游客")
```

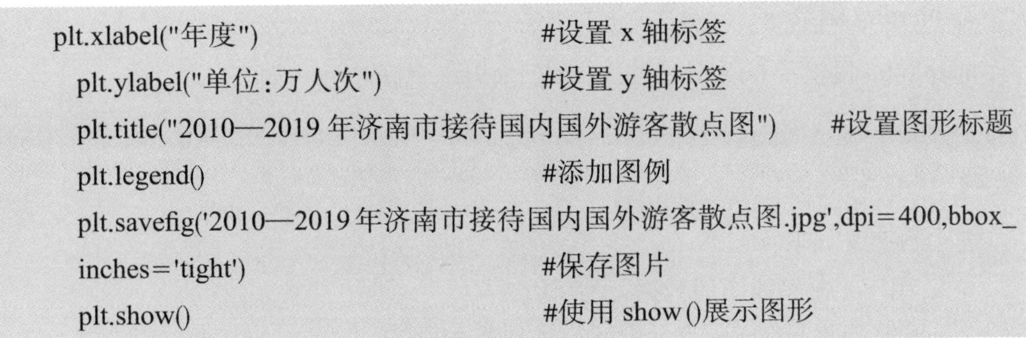

```
plt.xlabel("年度")                                    #设置 x 轴标签
    plt.ylabel("单位：万人次")                         #设置 y 轴标签
    plt.title("2010—2019 年济南市接待国内国外游客散点图")     #设置图形标题
    plt.legend()                                      #添加图例
    plt.savefig('2010—2019 年济南市接待国内国外游客散点图.jpg',dpi=400,bbox_
    inches='tight')                                   #保存图片
    plt.show()                                        #使用 show()展示图形
```

运行结果如图 4-6 所示。

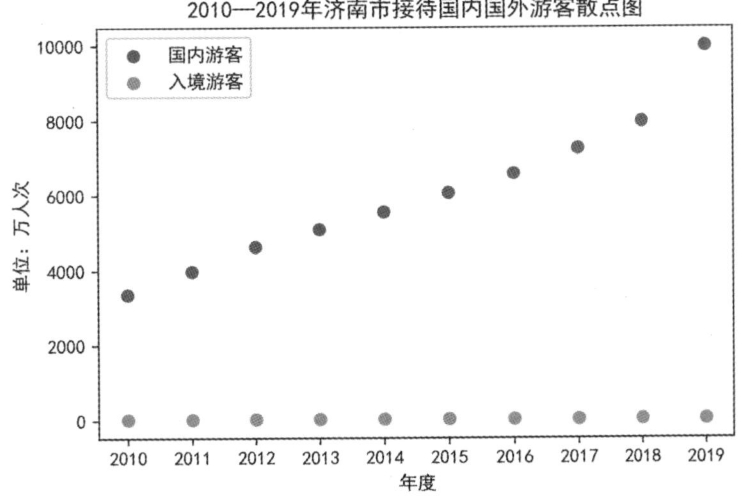

图 4-6　2010—2019 年济南市接待国内国外游客散点图

任务五　使用箱线图数据可视化

知识引入

1. 箱线图

箱线图也称箱须图，或盒须图、盒式图、盒状图、箱形图，是一种用作显示一组数据分散情况资料的统计图，因形状像箱子而得名。箱线图使用数据中的 5 个统计量（最小值、下四分位数、中位数、上四分位数和最大值）来描述数据，从图中可以粗略地看出数据是否具有对称性、分布的分散程度等信息，可以用于对几个样本的比较，还可以粗略检测异常值。

2. boxplot 函数

matplotlib 提供了 boxplot 函数来绘制箱线图，其语法格式如下：

```
matplotlib.pyplot.boxplot(x,notch=None, sym=None, vert=None,positions=None, widths=None, …)
```

各参数意义如下：

◎ x：用于绘制箱线图的数据，无默认。

◎ notch：接收 boolean，表示中间箱体是否有缺口。

◎ sym：接收特定 string，指定异常点形状。

◎ vert：接收 boolean，表示图形是纵向或者横向。

◎ positions：接收 array，表示图形位置。

◎ widths：接收 array 或者 scalar，表示每个箱体的宽度。

◎ labels：接收 array，指定每个箱线图的标签。

◎ meanline：接收 boolean，表示是否显示均值线。

任务实现

```
In[7]: import matplotlib.pyplot as plt                    #导入 matplotlib 库的 pyplot 模块
       plt.rcParams['font.sans-serif']=['SimHei']         #使图形中的中文正常编码显示
       labels=["国内外游客","国内游客"]                      #设置箱线图的标签
       tourist=data[["国内外游客(万人次)","国内游客(万人次)"]]
                                                          #使用 dataframe 获取国内外游客人数
       plt.boxplot(tourist,labels=labels)                 #plt.boxplot()生成下箱线图
       plt.ylabel("单位:万人次")                            #设置 y 轴标签
       plt.title("2010—2019 年济南市接待国内外游客箱线图")       #设置图形标题
       plt.savefig('2010—2019 年济南市接待国内外游客箱线图.jpg',dpi=400)
                                                          #保存图片
       plt.show()                                         #使用 show()展示图形
```

运行结果如图 4-7 所示。

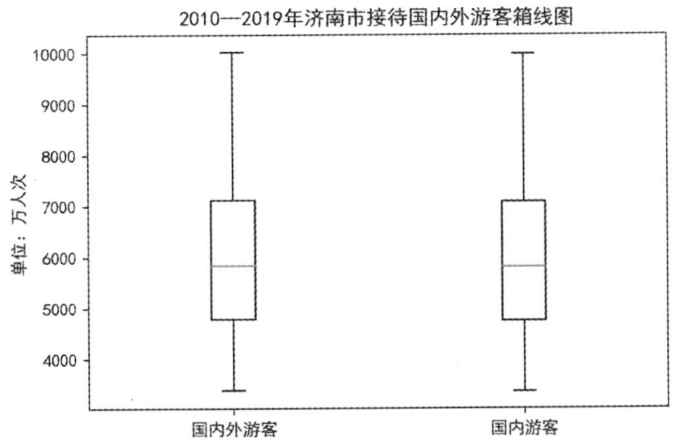

图 4-7　2010—2019 年济南市接待国内外游客箱线图

任务六　使用饼图数据可视化

知识引入

1. 饼图

饼图用于表示不同分类的占比情况，通过弧度大小来对比各种分类。饼图可以比较清楚地反映出部分与部分、部分与整体之间的比例关系，易于显示每组数据相对于总数的大小，而且显示方式直观。

2. pie 函数

matplotlib 提供了 pie 函数来绘制饼图，其语法格式如下：

```
matplotlib.pyplot.pie( x,explode=None,labels=None,color=None,autopct=None,
pctdistance=0.6,shadow = False,labeldistance=1.1,radius=None,… )
```

各参数意义如下：

◎ x：接收 array，表示用于绘制饼图的数据，无默认。

◎ explode：接收 array，指定项离饼图圆心为 n 个半径，默认为 None。

◎ labels：接收 array，指定每一项的名称，默认为 None。

◎ color：接收特定 string 或包含颜色字符串的 array，表示颜色，默认为 None。

◎ autopct：接收特定 string，指定数值的显示方式，默认为 None。

◎ pctdistance：接收 float 型，指定每一项的比例和距离饼图圆心 n 个半径，默认为 0.6。

◎ labeldistance：接收 float 型，指定每一项的名称和距离饼图圆心的半径数，默认为 1.1。

◎ radius：接收 float 型，表示饼图的半径，默认为 1。

任务实现

```
In[8]: import matplotlib.pyplot as plt                #导入 matplotlib 库的 pyplot 模块
       plt.rcParams['font.sans-serif']=['SimHei']     #使图形中的中文正常编码显示
       year=['2010','2011','2012','2013','2014','2015','2016','2017', '2018','2019']
                                                      #显示标签
       tourist=data["国内外游客(万人次)"]              #使用 dataframe 获取国内外游客人数
       plt.pie(tourist,labels=year)                   #plt.pie()生成饼图
       plt.title("2010—2019 年济南市接待国内外游客数量饼图")  #设置图形标题
       plt.savefig('2010—2019 年济南市接待国内外游客数量饼图.jpg',dpi=400)
                                                      #保存图片
       plt.show()                                     #使用 show()展示图形
```

运行结果如图 4-8 所示。

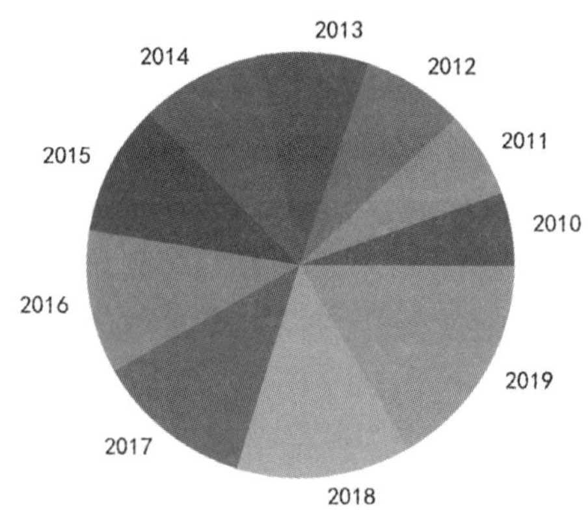

图 4-8　2010—2019 年济南市接待国内外游客数量饼图

任务七　使用多个子图数据可视化

知识引入

1. 添加多个子图的方法

用 Python 实现多子图绘制的函数主要有以下三种：

（1）使用 plt.subplot()添加子图；

（2）使用 plt.subplots()添加子图；

（3）使用 add_subplot()添加子图。

2. 使用 plt. subplot () 创建子图

subplot()函数实现创建子图，其语法格式如下：

```
subplot(nrows, ncols, index, **kwargs)
```

其中：

◎ nrows，ncols：表示子区网格的行数、列数。

◎ Index：表示矩阵区域的索引。

subplot()函数会将整个绘图区域等分为"nrows（行）* ncols（列）"的矩阵区域，之后按照从左到右、从上到下的顺序对每个区域进行编号。其中，位于左上角的子区域编号为 1，依次递增。例如，整个绘制区域划分为 2*2（两行两列）的矩阵区域，每个区域的编号如图 4–9 所示。

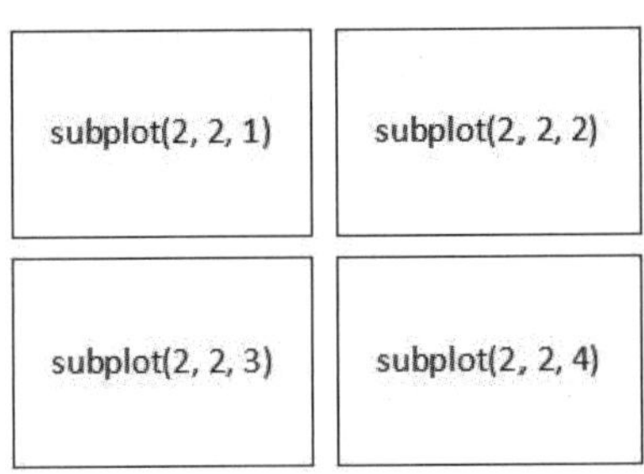

图 4–9　绘制区域

如果 nrows、ncols 和 index 这三个参数的值都小于 10，则可以把它们简写为一个实数。例如，subplot(323)和 subplot(3,2,3)是等价的。通过 subplot()函数可以将 Figure 对象划分为多个子图，但每调用一次该函数只会创建一个子图。

3. 使用 plt. subplots () 创建多个子图

通过 subplots()函数可以一次性创建一组子图，其语法格式如下：

```
subplots(nrows=1,ncols=1,sharex=False,sharey=False,squeeze=True,subplot_kw=None,gridspec_kw=None,**fig_kw)
```

其中：

◎ nrows，ncols：表示子区网格的行数、列数。

◎ sharex，sharey：表示控制 x 或 y 轴是否共享。参数详见表 4–6。

表 4-6　sharex，sharey 参数详情

True 或 all	表示 x 或 y 轴在所有的子图中共享
False 或 None	每个子图的 x 或 y 轴是独立的
row	每个子图沿行方向共享 x 轴或 y 轴
col	每个子图沿列方向共享 x 轴或 y 轴

subplots()函数会返回一个元组，元组的第一个元素为 Figure 对象（画布），第二个元素为 Axes 对象（子图，包含坐标轴和画的图）或 Axes 对象数组。如果创建的是单个子图，则返回的是一个 Axes 对象，否则返回的是一个 Axes 对象数组。

4. 使用 add_subplot() 添加和选中子图

通过 Figure 类的 add_subplot()方法可添加和选中子图，其语法格式如下：

```
add_subplot(*args,**kwargs)
```

此方法中，参数 *args 表示一个三位数的实数或三个独立的实数，用于描述子图的位置。比如"a, b, c"，其中 a 和 b 表示将 Figure 对象分割成 a*b 大小的区域，c 表示当前选中的要操作的区域，c 从 1 开始编号。

5. 调整子图间距

调整子图之间的位置，可以使用 subplots_adjust()函数，其语法格式如下：

```
subplots_adjust(self, left=None, bottom=None, right=None, top=None, wspace=None,
hspace=None)
```

其中各参数意义如下：

◎ left：可选参数，浮点数；子区左边的位置，默认为 0.125。

◎ right：可选参数，浮点数；子区右边的位置，默认为 0.9。

◎ bottom：可选参数，浮点数；子区底边的位置，默认为 0.11。

◎ top：可选参数，浮点数；子区顶边的位置，默认为 0.88。

◎ wspace：可选参数，浮点数；子区之间的空白的宽度，默认为 0.2。

◎ hspace：可选参数，浮点数；子区之间的空白的高度，默认为 0.2。

任务实现

```
In[9]: import matplotlib.pyplot as plt
       plt.rcParams['font.sans-serif']=['SimHei']    #使图形中的中文正常编码显示
       year=['2010','2011','2012','2013','2014','2015','2016','2017','2018','2019']
                                                     #x 轴显示标签
```

```
tourist=data["国内外游客(万人次)"]          #使用 dataframe 获取国内外游客人数
fig=plt.figure(figsize=(12,10))
#画饼图
ax1=fig.add_subplot(221)                  #(2,2,1)可连写为(221)
plt.pie(tourist,labels=year)              #plt.pie()生成饼图
plt.title("饼图")                          #设置图形标题
#画箱线图
ax2=fig.add_subplot(222)
plt.boxplot(tourist,labels=["2010—2019 国内外游客"])  #plt.boxplot()生成箱线图
plt.ylabel("单位:万人次")                  #设置 y 轴标签
plt.title(" 箱线图 ")                      #设置图形标题
#画柱状图
ax3=fig.add_subplot(212)
plt.bar(year,tourist,width=0.5)           #plt.bar()生成柱状图
plt.xlabel("年度")                         #设置 x 轴的标签
plt.ylabel("国内外游客(单位:万人次)")      #设置 y 轴标签
plt.title("柱状图")                        #设置图形标题
#调整子图间距
plt.subplots_adjust(wspace=0.5,hspace=0.2)
                                          #为 figure 对象添加标题
plt.suptitle("2010—2019 年济南市接待国内外游客统计")
plt.savefig("2010—2019 年济南市接待国内外游客统计.jpg",dpi=400,
bbox_inches='tight')                      #保存导出图像
plt.show()
```

运行结果如图 4–10 所示。

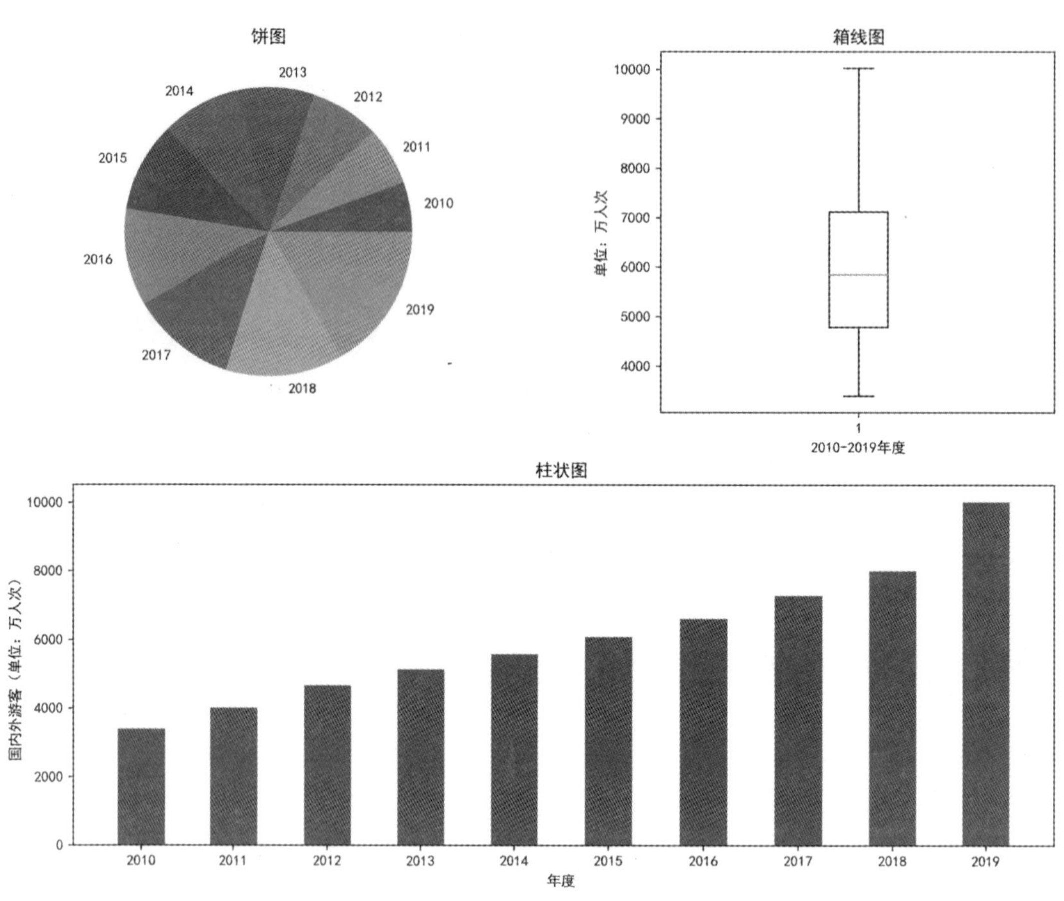

图 4-10　2010—2019 年济南市接待国内外游客统计

项目小结

我们通过本项目了解了常见图表类型的特点，使用 matplotlib 实现了柱状图、折线图、散点图、箱线图、饼图等常见图形的绘制，从不同的角度对数据进行了可视化展示。在进行数据分析的项目中，需要根据数据的特点和目标的需求选择合适的图表来展示数据。同样，在我们成长的道路上，也需要根据自己的情况和目标来做出选择和决策，但无论哪种选择，都需要乐观积极面对，就像生成图表一样，需要经过不断的代码调试才能获得绚丽的图表。另外，除使用 matplotlib 进行可视化展示外，比较常用的可视化工具还有用于制作交互式图表的 PyEcharts、用于制作数据大屏的 Banber 云平台等。

练一练

现有“济南市旅游景区客流最大承载量信息.csv”数据表(表 4-7),完成以下任务:

(1)使用 pandas 读取数据表;

(2)使用柱状图展示济南市各景区最佳日承载量(人次);

(3)使用折线图展示济南市各景区的最大日承载量,并标注最大日承载量;

(4)使用饼图展示济南市景区等级数量;

(5)使用散点图展示济南市各景区的最佳瞬时承载量和最大瞬时承载量。

表 4-7 济南市旅游景区客流最大承载量信息

景区名称	等级	最佳日承载量/人次	最大日承载量/人次	最佳瞬时承载量/人次	最大瞬时承载量/人次
天下第一泉景区	5A	34 300	68 700	9 200	22 900
济南千佛山风景名胜区	4A	60 000	100 000	18 000	30 000
百脉泉公园	4A	25 000	45 000	15 000	25 000
济南植物园	4A	40 000	80 000	20 000	30 000
朱家峪景区	4A	6 000	8 000	2 000	4 000
济南野生动物世界	4A	32 000	49 857	27 900	35 250
金象山乐园	4A	10 000	12 000	6 000	7 600
九顶塔中华民族欢乐园	4A	10 000	15 000	4 000	6 000
水帘峡风景区	4A	15 000	20 000	3 000	5 000
红叶谷生态文化旅游区	4A	12 000	20 000	6 000	6 000
九如山瀑布群风景区	4A	20 000	28 000	5 000	7 000
济南园博园景区	4A	50 000	100 000	50 000	60 000
长清区灵岩寺旅游区	4A	9 000	13 000	2 000	4 000

拓展园地

信创操作系统——鸿蒙

鸿蒙系统作为华为自主研发的操作系统，不仅承载着华为的期望，更代表着中国在高科技领域的突破。随着全球化的深入发展，技术封锁和制裁成为国际竞争中的常态。在这样的背景下，华为鸿蒙系统的出现，无疑为我国在高技术领域的自主创新树立了新的里程碑。鸿蒙系统不仅拥有独立的操作系统环境，还具有高度的可定制性和扩展性，可以广泛应用于各类智能设备。这无疑将极大地推动我国在物联网和智能家居等领域的创新与发展。随着5G、物联网等技术的快速发展，未来各类智能设备将更加普及，而鸿蒙系统的出现，有望成为智能设备操作系统的主流选择。一方面，鸿蒙系统的高度可扩展性使得各类智能设备能够更好地实现互联互通；另一方面，鸿蒙系统的安全性、稳定性和高效性也得到了业界的广泛认可。因此，华为鸿蒙系统作为我国自主研发的操作系统，具有广阔的发展前景和重要的战略意义。为了推动鸿蒙系统的成功应用，政府、企业和科研机构需要共同努力。政府应加大对鸿蒙系统的支持力度，推动相关产业政策和资金扶持；企业应积极布局鸿蒙生态圈，加强与上下游企业的合作；科研机构则应持续投入研发力量，为鸿蒙系统的持续创新提供源源不断的动力。相信在全社会的共同努力下，鸿蒙系统必将在未来的操作系统之争中大放异彩。

算法篇

机器学习是人工智能的一个重要分支，根据数据规模和数据是否标注，可以把机器学习分为分类、聚类、回归和降维四大类。

基于 Python 的 scikit-learn 库提供了大量的机器学习算法，本书主要介绍的是分类、聚类、回归分析方法。scikit-learn 基于 numpy、scipy 和 matplotlib 构建，并具有大量用于分类、回归和集群的高效算法，其中包括支持向量机、随机森林、梯度提升、k-means 和 DBSCAN。scikit-learn 库不仅提供有监督学习和无监督学习的 API，还可以实现模型选择与评估、检验、可视化、数据集加载和转换等功能。下面通过三个案例来分别介绍 scikit-learn 库中有关聚类、分类和回归分析的用法。

项目五 旅客聚类分析

学习目标

◎ 能够对旅客数据进行质量分析和特征分析

◎ 能够使用数据预处理方法对旅客数据进行分析

◎ 能够进行旅客数据探索性可视化分析

◎ 能够运用 k-means 算法对航空客户进行聚类分析

项目描述

小峭是某数据分析公司的数据分析师，他抽取了某航空公司 2012 年 4 月 1 日至 2014 年 3 月 31 日的数据，并对抽取的数据进行了数据预处理和数据探索分析，主要包含数据概况分析、数据缺失值与异常值的探索分析、数据清洗、特征值构建、标准化等操作。最终使用 k-means 算法对旅客进行聚类，以便于针对不同客户价值的群体采取不同的措施，提高客户留存率及客户消费行为。在数据预处理和数据探索分析的过程中，遵循职业道德是至关重要的。小峭作为一名数据分析师，始终保持诚信、透明和保密的原则，确保对于敏感数据的处理符合相关法规和道德规范（如隐私保护法和数据保护条例）。在本项目中，数据已经实现脱敏处理，去掉了用户的姓名、身份证号等隐私信息。同时，一名合格的数据分析师还应该遵循公平原则，确保数据的分析和解释不偏不倚，不歧视任何特定群体。

任务一　数据概况分析

任务说明

使用 pandas 读取旅客数据，获取数据集行列数目，并预览旅客数据集。

```
In[1]: import numpy as np
       import pandas as pd
       import matplotlib.pyplot as plt
       df=pd.read_csv('traveller_data.csv',header=0)
       #数据集的总行数、总列数
       df.shape
       #预览数据
       df.head()
```

表 5-1 为旅客数据集字段属性相关信息。图 5-1 为数据预览结果。

表 5-1　旅客数据集字段属性

属性类型	属性名称	属性说明
客户基本信息	MEMBER_NO	会员卡号
	FFP_DATE	入会时间
	FIRST_FLIGHT_DATE	第一次飞行日期
	GENDER	性别
	FFP_TIER	会员卡级别
	WORK_CITY	工作地城市
	WORK_PROVINCE	工作地所在省份
	WORK_COUNTRY	工作地所在国家
	AGE	年龄
积分信息	ADD_Point_SUM	观测窗口中其他积分（合作伙伴、促销、外航转入等）
	ADD_POINTS_SUM_YR_1	观测窗口中第 1 年其他积分（合作伙伴、促销、外航转入等）
	ADD_POINTS_SUM_YR_2	观测窗口中第 2 年其他积分（合作伙伴、促销、外航转入等）

续表

属性类型	属性名称	属性说明
积分信息	AVG_BP_SUM	观测窗口季度平均基本积分累积
	EP_SUM	观测窗口总精英积分
	BP_SUM	观测窗口总基本积分
	Points_Sum	总累计积分
	EXCHANGE_COUNT	积分兑换次数
	EP_SUM_YR_1	第 1 年精英资格积分
	EP_SUM_YR_2	第 2 年精英资格积分
	P1Y_BP_SUM	第 1 年里程积分
	L1Y_BP_SUM	第 2 年里程积分
	L1Y_ELi_Add_Points	第 2 年非乘机积分总和
	L1Y_Points_Sum	第 2 年观测窗口总累计积分
	Eli_Add_Point_Sum	非乘机积分总和
	Point_NotFlight	非乘机的积分变动次数
	Ration_P1Y_BPS	第 1 年里程积分占最近两年积分比例
	Ration_L1Y_BPS	第 2 年里程积分占最近两年积分比例
乘机信息	avg_discount	平均折扣率
	AVG_FLIGHT_COUNT	观测窗口季度平均飞行次数
	AVG_INTERVAL	平均乘机时间间隔
	BEGIN_TO_FIRST	观察窗口内第一次乘机时间至 MAX〈观测窗口始端，入会时间〉时长
	LAST_TO_END	最后一次乘机时间至观测窗口末端时长
	FLIGHT_COUNT	观测窗口内的飞行次数
	LAST_FLIGHT_DATE	末次飞行日期
	LOAD_TIME	观测窗口的结束时间
	MAX_INTERVAL	观测窗口内最大乘机间隔
	WEIGHTED_SEG_KM	观测窗口总加权飞行公里数（∑舱位折扣×航段距离）
	SEG_KM_SUM	观测窗口总飞行公里数
	P1Y_Flight_Count	第 1 年乘机次数
	L1Y_Flight_Count	第 2 年乘机次数
	Ration_P1Y_Flight_Count	第 1 年的乘机次数比例
	Ration_L1Y_Flight_Count	第 2 年的乘机次数比例
	SUM_YR_1	第 1 年总票价
	SUM_YR_2	第 2 年总票价

	MEMBER_NO	FFP_DATE	FIRST_FLIGHT_DATE	GENDER	FFP_TIER	WORK_CITY	WORK_PROVINCE	WORK_COUNTRY	AGE	LOAD_TIME	...	ADD_Poi
0	54993	2006/11/2	2008/12/24	男	6	.	北京	CN	31.0	2014/3/31	...	
1	28065	2007/2/19	2007/8/3	男	6	NaN	北京	CN	42.0	2014/3/31	...	
2	55106	2007/2/1	2007/8/30	男	6	.	北京	CN	40.0	2014/3/31	...	
3	21189	2008/8/22	2008/8/23	男	5	Los Angeles	CA	US	64.0	2014/3/31	...	
4	39546	2009/4/10	2009/4/15	男	6	贵阳	贵州	CN	48.0	2014/3/31	...	

5 rows × 44 columns

图 5-1 数据预览结果

任务二 数据质量分析

任务说明

检查数据集中是否存在缺失值、异常值、重复值等。

知识引入

缺失值:数据的缺失主要包括记录的缺失和记录中某个字段信息的缺失。

异常值:异常值分析是检验数据是否有录入错误以及是否含有不合常理的数据。异常值也称为离群点,异常值的分析也称为离群点分析。

重复值:存在两行及以上相同的数据,这种现象称为数据不一致。不一致的数据的产生主要发生在数据集成的过程中,这可能是由于被挖掘数据是来自于不同的数据源、对于重复存放的数据未能进行一致性更新造成的。

任务实现

1. 缺失值分析

```
In[2]: #统计非空值,找出缺失值字段,并降序排列
       df.isnull().sum().sort_values(ascending=False)
```

通过统计,发现存在 7 个缺失值字段,分别是 WORK_PROVINCE(省份)、WORK_CITY(城市)、SUM_YR_1(第一年总票价)、AGE(年龄)、SUM_YR2(第二年总票价)、WORK_COUNTRY(国家)、GENDER(性别),如图 5-2 所示。

```
WORK_PROVINCE        3248
WORK_CITY            2269
SUM_YR_1              551
AGE                   420
SUM_YR_2              138
WORK_COUNTRY           26
GENDER                  3
Point_NotFlight         0
EP_SUM_YR_2             0
AVG_FLIGHT_COUNT        0
LAST_FLIGHT_DATE        0
WEIGHTED_SEG_KM         0
SEG_KM_SUM              0
FLIGHT_COUNT            0
EP_SUM_YR_1             0
BP_SUM                  0
Ration_L1Y_BPS          0
LOAD_TIME               0
FFP_TIER                0
FIRST_FLIGHT_DATE       0
FFP_DATE                0
AVG_BP_SUM              0
```

图 5-2　缺失值字段

2. 异常值分析

```
# 是否有异常值，查看每个特征的总行数以及五值分布：平均值、最大值、最小值、标准差、四分位数。
df.describe().T
```

	count	mean	std	min	25%	50%	75%	max
MEMBER_NO	62988.0	31494.500000	18183.213715	1.00	15747.750000	31494.500000	47241.250000	62988.000000
FFP_TIER	62988.0	4.102162	0.373856	4.00	4.000000	4.000000	4.000000	6.000000
AGE	62568.0	42.476346	9.885915	6.00	35.000000	41.000000	48.000000	110.000000
FLIGHT_COUNT	62988.0	11.839414	14.049471	2.00	3.000000	7.000000	15.000000	213.000000
BP_SUM	62988.0	10925.081254	16339.486151	0.00	2518.000000	5700.000000	12831.000000	505308.000000
EP_SUM_YR_1	62988.0	0.000000	0.000000	0.00	0.000000	0.000000	0.000000	0.000000
EP_SUM_YR_2	62988.0	265.689623	1645.702854	0.00	0.000000	0.000000	0.000000	74460.000000
SUM_YR_1	62437.0	5355.376064	8109.450147	0.00	1003.000000	2800.000000	6574.000000	239560.000000
SUM_YR_2	62850.0	5604.026014	8703.364247	0.00	780.000000	2773.000000	6845.750000	234188.000000
SEG_KM_SUM	62988.0	17123.878691	20960.844623	368.00	4747.000000	9994.000000	21271.250000	580717.000000
WEIGHTED_SEG_KM	62988.0	12777.152439	17578.586695	0.00	3219.045000	6978.255000	15299.632500	558440.140000
AVG_FLIGHT_COUNT	62988.0	1.542154	1.786996	0.25	0.428571	0.875000	1.875000	26.625000
AVG_BP_SUM	62988.0	1421.440249	2083.121324	0.00	336.000000	752.375000	1690.270833	63163.500000
BEGIN_TO_FIRST	62988.0	120.145488	159.572867	0.00	9.000000	50.000000	166.000000	729.000000
LAST_TO_END	62988.0	176.120102	183.822223	1.00	29.000000	108.000000	268.000000	731.000000
AVG_INTERVAL	62988.0	67.749788	77.517866	0.00	23.370370	44.666667	82.000000	728.000000
MAX_INTERVAL	62988.0	166.033895	123.397180	0.00	79.000000	143.000000	228.000000	728.000000
ADD_POINTS_SUM_YR_1	62988.0	540.316965	3956.083455	0.00	0.000000	0.000000	0.000000	600000.000000

因此，可得出结论：没有异常值。

3. 重复值分析

```
In[3]: #统计是否有重复值
       df.duplicated().sum()
```

结果如图 5-3 所示。

```
# 统计是否有重复值
df.duplicated().sum()
```

0

图 5-3　重复值结果

因此，可得出结论：没有重复值。

任务三　数据特征分析

任务说明

在数据预处理前，对数据特征进行分析，确定数据预处理方案。

知识引入

（1）最小值：集合中最小数值。

（2）最大值：集合中最大数值。

（3）标准差：方差的算术平方根。标准差能反映一个数据集的离散程度。

（4）四分位数：也称四分位点，是指在统计学中把所有数值由小到大排列并分成四等份，处于三个分割点位置的数值。

任务实现

查看每个特征的总行数以及五值分布：平均值、最大值、最小值、标准差、四分位数。

```
In[4]: #查看每个特征的总行数以及五值分布：平均值、最大值、最小值、标准差、四分位数
       df.describe().T
```

结果如图 5-4 所示。

	count	mean	std	min	25%	50%	75%	max
MEMBER_NO	62988.0	31494.500000	18183.213715	1.00	15747.750000	31494.500000	47241.250000	62988.000000
FFP_TIER	62988.0	4.102162	0.373856	4.00	4.000000	4.000000	4.000000	6.000000
AGE	62568.0	42.476346	9.885915	6.00	35.000000	41.000000	48.000000	110.000000
FLIGHT_COUNT	62988.0	11.839414	14.049471	2.00	3.000000	7.000000	15.000000	213.000000
BP_SUM	62988.0	10925.081254	16339.486151	0.00	2518.000000	5700.000000	12831.000000	505308.000000
EP_SUM_YR_1	62988.0	0.000000	0.000000	0.00	0.000000	0.000000	0.000000	0.000000
EP_SUM_YR_2	62988.0	265.689623	1645.702854	0.00	0.000000	0.000000	0.000000	74460.000000
SUM_YR_1	62437.0	5355.376064	8109.450147	0.00	1003.000000	2800.000000	6574.000000	239560.000000
SUM_YR_2	62850.0	5604.026014	8703.364247	0.00	780.000000	2773.000000	6845.750000	234188.000000
SEG_KM_SUM	62988.0	17123.878691	20960.844623	368.00	4747.000000	9994.000000	21271.250000	580717.000000

图 5-4　数据特征分析

根据特征分析结果，票价为 0、总飞行公里数为 0、平均折扣为 0 的数据是异常数据。

任务四　数据预处理

任务说明

对数据进行清洗，主要流程为去除空值、重复值、异常值。

知识引入

数据预处理的方法有：

（1）数据清理：通过填写缺失的值、光滑噪声数据、识别或删除离群点并解决不一致性来“清理”数据；

（2）数据集成：将多个数据源中的数据结合起来并统一存储，建立数据仓库的过程实际上就是数据集成；

（3）数据变换；

（4）数据归约。

任务实现

删除空值、异常值。

```
In [5]: #删除空值、异常值
        df_notnull=df.loc[df['SUM_YR_1'].notnull()& df['SUM_YR_2'].notnull(),:]
                                                #保留总票价非空的索引号
        idx_tmp1=df_notnull['SUM_YR_1']!=0  #保留第一年总票价不为 0 的索引号
        idx_tmp2=df_notnull['SUM_YR_2']!=0  #保留第二年总票价不为 0 的索引号
        idx_tmp3=(df_notnull['avg_discount']!=0) & (df_notnull['SEG_KM_SUM']>0)
                                                #平均折扣>0 且飞行里程>0 的索引号
        #丢弃异常数据，并将数据存入 csv 文件
        df_data_clean=df_notnull[(idx_tmp1|idx_tmp2) & idx_tmp3]
        df_data_clean.to_csv('data_clean.csv')
        df_data_clean.shape
```

结果如图 5-5 所示。

```
# 删除空值、异常值
df_notnull = df.loc[df['SUM_YR_1'].notnull() & df['SUM_YR_2'].notnull(),:] #保留总票价非空的索引号
idx_tmp1 = df_notnull['SUM_YR_1'] !=0  # 保留第一年总票价不为0的索引号
idx_tmp2 = df_notnull['SUM_YR_2'] !=0  # 保留第二年总票价不为0的索引号
idx_tmp3 = (df_notnull['avg_discount'] !=0) & (df_notnull['SEG_KM_SUM']>0)  # 平均折扣>0 且飞行里程>0的索引号
# 丢弃异常数据，并将数据存入csv文件
df_data_clean = df_notnull[(idx_tmp1|idx_tmp2) & idx_tmp3]
df_data_clean.to_csv('data_clean.csv')
df_data_clean.shape
```

```
(62044, 44)
```

图 5-5　数据预处理结果

任务五　数据分析

任务说明

本次分析主要针对用户价值进行，通常使用 RFM 模型（消费时间间隔–Recency、消费频率 –Frequency、消费金额 –Monetary）。由于航空公司的业务，存在一定的特殊性，采用通用 RFM 模型进行分析略有不足，因此采用改进后的 LRFMC 模型进行分析，最后采用 k–means 算法对客户进行聚类分析。

知识引入

（1）航空公司业务的特殊性：

舱位等级：舱位分为商务舱、经济舱，不同舱位机票价格不同。

用户等级：普通用户、银卡、金卡、白金卡等，不同等级拥有不同的折扣权利。

（2）影响票价的因素：飞行运输距离、舱位、用户等级折扣。比如，一位商务舱乘客短距离飞行的票价可能低于一位经济舱乘客长距离飞行的票价。

积分：积分高的客户如果在近期消费间隔时间较长，其客户价值不一定比近 2 年消费频率高的新客户（积分还较低）价值高。

会员的入会时间长短也在一定程度上影响客户价值，我们也要考虑进来。

（3）航空公司高价值客户的特征：

飞行距离短的高等舱的客户能为航空公司创造更高的价值；

总飞行里程和飞行次数多的客户具有更高的价值；

在观测窗口内，飞行频率高的客户和最大乘机间隔小的客户更值得航空公司进行精细化的服务或票价优惠。

（4）RFM 模型建模分析：

识别客户价值应用最广泛的模型是通过以下 3 个指标来进行客户细分，识别高价值

的客户，简称 RFM 模型。

◎ 最近消费时间间隔 Recency；

◎ 消费频率 Frequency；

◎ 消费金额 Monetary。

在 RFM 模型中，消费金额表示在一段时间内，客户购买该企业产品金额的总和。由于航空价受到运输距离、航位等级等多种因素影响，同样消费金额的不同旅客对航空公司的价值是不同的，所以消费金额这个指标并不适用于航空公司的客户价值分析。我们选择客户在一定时间内累积的飞行里程 M 和客户在一定时间内乘坐舱位所对应的折扣系数的平均值 C，这两个指标代替消费金额。

本案例将客户关系长度 L、消费时间间隔 R、消费频率 F、飞行里程 M、折扣系数的平均值 C 这 5 个指标作为航空公司识别客户价值的指标，记为 LRFMC 模型。

◎ L：会员入会时间距观测窗口结束的月数（LOAD_TIME – FFP_DATE）；

◎ R：客户最近一次乘坐公司飞机距观测窗口结束的月数（LAST_TO_END）；

◎ F：客户在观测窗口内乘坐公司飞机的次数（FLIGHT_COUNT）；

◎ M：客户在观测窗口内累计的飞行里程（SEG_KM_SUM）；

◎ C：客户在观测窗口内乘坐舱位所对应的折扣系数的平均值（avg_discount）。

根据 LRFMC 模型，选择 FFP_DATE、LOAD_TIME、LAST_TO_END、FLIGHT_COUNT、SEG_KM_SUM、avg_discount 这 6 个属性构建 LRFMC 指标。

任务实现

（1）选择 LRFMC 模型的 6 个属性：

```
In[6]: #选择 LRFMC 模型的 6 个属性
       data_select=df_data_clean[['FFP_DATE','LOAD_TIME','LAST_TO_END','FLIGHT_
                   COUNT','SEG_KM_SUM','avg_discount']]
       # 构造指标 L
       L=pd.to_datetime(data_select['LOAD_TIME'])-pd.to_datetime(data_
       select['FFP_DATE'])  #日期差，但有"days"单位，需要删除单位
       #L 值中存在 "days" 单位子串
       L=L.astype('str').str.split().str[0]
       L=pd.to_numeric(L)  #object -> int64
       #构造 LRFMC 模型指标
       mdl_LRFMC=pd.concat([L, data_select.iloc[:, 2:]], axis=1)
       mdl_LRFMC.columns=['L','R','F','M','C']
       mdl_LRFMC
```

LRFMC 模型指标值如图 5-6 所示。

	L	R	F	M	C
0	2706	1	210	580717	0.961639
1	2597	7	140	293678	1.252314
2	2615	11	135	283712	1.254676
3	2047	97	23	281336	1.090870
4	1816	5	152	309928	0.970658
5	2241	79	92	294585	0.967692

图 5-6　LRFMC 模型指标

（2）标准化处理：

对指标进行描述性分析，查看数据的分布情况。

```
In[7]: #标准化处理
       #对指标进行描述性分析，查看数据的分布情况
       mdl_LRFMC.describe().loc[['min','max','mean','std','50%']].T
```

LRFMC 模型的分布情况如图 5-7 所示。

	min	max	mean	std	50%
L	365.000000	3437.0	1488.691090	847.880920	1278.000000
R	1.000000	731.0	172.532703	181.526164	105.000000
F	2.000000	213.0	11.971359	14.110619	7.000000
M	368.000000	580717.0	17321.694749	21052.728111	10200.000000
C	0.136017	1.5	0.722180	0.184833	0.712162

图 5-7　LRFMC 模型的数据分布情况

由于 5 个指标的数据取值范围跨度比较大，为了消除数量级的影响，需要对指标数据进行标准化处理，这里选择 z-score 进行数据标准化处理。z-score 方法的原理是将各个指标数据按比例缩放，使各个指标数据落在特定的区间内（平均值为 0，标准差为 1）。标准化处理结果如图 5-8 所示。

```
In[8]: #数据标准化
       def zscore_data(data):
           data2=(data-data.mean(axis=0))/data.std(axis=0)
           data2.columns=["Z"+i for i in data.columns]
           return data2
       z_LRFMC=zscore_data(mdl_LRFMC)
       z_LRFMC.head()
```

	ZL	ZR	ZF	ZM	ZC
0	1.435707	-0.944948	14.034016	26.761154	1.295540
1	1.307152	-0.911894	9.073213	13.126864	2.868176
2	1.328381	-0.889859	8.718869	12.653481	2.880950
3	0.658476	-0.416098	0.781585	12.540622	1.994714
4	0.386032	-0.922912	9.923636	13.898736	1.344335

图 5-8　数据标准化

```
In [9]: #聚类分析，采用 k-means 算法对客户进行聚类，基于业务逻辑，聚类为 5 群。
        from sklearn.cluster import KMeans
        kmeans=KMeans(n_clusters=5,n_jobs=-1,random_state=1234)
        # 模型训练
        kmeans_fit=kmeans.fit(z_LRFMC)
        #聚类中心
        kmeans_cluster=kmeans_fit.cluster_centers_
        #聚类后样本的类别标签
        kmeans_label=kmeans_fit.labels_
        #聚类后各个类别数目
        r1=pd.Series(kmeans_label).value_counts()
        #输出聚类分群结果
        cluster_center=pd.DataFrame(kmeans_cluster,columns=['ZL','ZR','ZF','ZM','ZC'])
        cluster_center.index=pd.DataFrame(kmeans_label).drop_duplicates().iloc[:,0]
        cluster=pd.concat([cluster_center, r1],axis=1)
        #修改第一列列名
        list_column=list(cluster.columns)
        list_column[len(list_column)-1]='类别数目'
        cluster.columns=list_column

        cluster
```

任务六　可视化

任务说明

绘制客户聚类雷达图，直观展示客户特征分布。

任务实现

```
In[10]: #聚类分析，采用 k-means 算法对客户进行聚类，基于业务逻辑，聚类为 5 群。
        from sklearn.cluster import KMeans
        kmeans=KMeans(n_clusters=5,n_jobs=-1,random_state=1234)
        #模型训练
        kmeans_fit=kmeans.fit(z_LRFMC)
        #聚类中心
        kmeans_cluster=kmeans_fit.cluster_centers_
        #聚类后样本的类别标签
        kmeans_label=kmeans_fit.labels_
        #聚类后各个类别数目
        r1=pd.Series(kmeans_label).value_counts()
        #输出聚类分群结果
        cluster_center=pd.DataFrame(kmeans_cluster,columns=['ZL','ZR','ZF','ZM','ZC'])
        cluster_center.index=pd.DataFrame(kmeans_label).drop_duplicates().iloc[:,0]
        cluster=pd.concat([cluster_center, r1],axis=1)
        #修改第一列列名
        list_column=list(cluster.columns)
        list_column[len(list_column)-1]='类别数目'
        cluster.columns=list_column

        cluster
        max=cluster_center.values.max()
        min=cluster_center.values.min()
        #绘图
```

```
fig=plt.figure(figsize=(10, 8))
ax=fig.add_subplot(111, polar=True)
center_num=cluster.values
feature=["入会时间","最后乘机间隔","总乘机次数","飞行公里数",
        "平均折扣率"]
N=len(feature)
center_num
for i, v in enumerate(center_num):
    #设置雷达图的角度,用于平分切开一个圆面
    angles=np.linspace(0, 2*np.pi, N, endpoint=False)
    #为了使雷达图一圈封闭起来,需要下面的步骤
    center=np.concatenate((v[:-1],[v[0]]))
    angles=np.concatenate((angles,[angles[0]]))
    #绘制折线图
    ax.plot(angles, center, 'o-', linewidth=2, label="第 %d 类客群 :%d 人"%(i+1,
        v[-1]))
    #填充颜色
    ax.fill(angles, center, alpha=0.25)
    #添加每个特征的标签
    ax.set_thetagrids(angles * 180/np.pi, feature, fontsize=15)
    #设置雷达图的范围
    ax.set_ylim(min-0.1, max+0.1)
    #添加标题
    plt.title('客户群特征分析图', fontsize=20)
    #添加网格线
    ax.grid(True)
    #设置图例
    plt.legend(loc='upper right', bbox_to_anchor=(1.3,1.0),ncol=1,fancybox=
        True,shadow=True)
    #设置字体
    plt.rcParams['font.sans-serif']=['SimHei']
#显示图形
plt.savefig('radar.jpg')
plt.show()
```

聚类分析结果如图 5-9 所示。

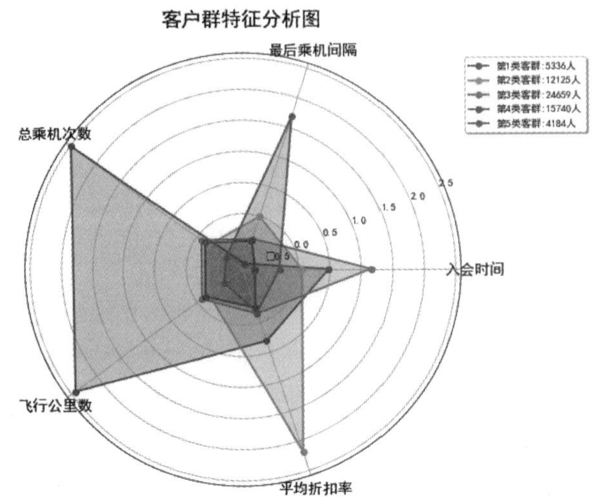

图 5-9　聚类雷达图

分析五类客户群的特征：

第一类客户：飞行里程低，最近飞行间隔时间短，机票折扣率高。此类客户一般为乘坐商务舱的商务型客户。

第二类客户：各项指标都比较低，此客户群体可能有较多的新入会的会员。

第三类客户：入会时间长，飞行间隔时间短。说明此类客户飞行频率高。

第四类客户：乘机次数和飞行里程都较高，且飞行间隔很小。说明此类客户是活跃客户。

第五类客户：乘机间隔时间长，飞行次数和飞行里程数都较小。说明此类客户消费价值较低。

根据上述客户群体的特征，结合 LRFMC 模型中各指标情况，对客户价值进行划分，以便针对不同客户价值的群体采取不同的措施，提高客户留存率及提高客户消费行为。

根据 RFM 用户价值分类，LC 指标作为辅助指标进行分析，见表 5-2。

表 5-2　客户价值分析

用户价值分类	R	F	M	L	C	标　签
重要价值客户	1	1	1	1	1	高价值客户
重要发展客户	1	0	1	1	1	高价值低频客户
重要保持客户	0	1	1	1	0	高价值不活跃客户
重要挽留客户	0	0	1	0	0	高价值潜在流失客户
一般价值客户	1	1	0	0	1	小额活跃，潜在客户
一般发展客户	1	0	0			新客户

续表

用户价值分类	R	F	M	L	C	标　签
一般保持客户	0	1	0			低价值不活跃客户
一般挽留客户	0	0	0			流失客户

第一类客户是折扣率高，近期活跃的商务人员，是高价低频的重点发展客户。

第二类客户新客户特征明显，应加大优惠来发展。

第三类客户是活跃老客户，是航空公司小额活跃客户，当前价值不高，但是具有潜力，需要发展为优质客户，为重点发展客户。

第四类客户是高价值客户，应该作为重点关注和保持沟通服务的客户。

第五类客户各项指标数据都比较差，属于是低价值客户，有较大的流失风险。

结论：

经过上述数据的分析，对航空公司客户群分类如下：

重点价值客户：乘坐频次高、近期活跃度高的用户，对航空公司的贡献大。对此类客户投入更多的资源，提供相应的优惠政策，提高这类客户的忠诚度和满意度，尽可能延长这类客户的高消费水平。

重点发展客户：飞行频次不高，但活跃度高，且票价折扣大，属于乘坐高等舱的商务人员，应该重点维护，以提高其乘坐的次数。

重点挽留客户：对于享受较高机票折扣率、飞行次数或里程数较高，但近期活跃度高的老用户，可对其提供一些营销活动，激励其来参与乘机消费。

一般客户与低价值客户：折扣率较低、入会时间短，且飞行频率低的非活跃用户，流失可能性较高。

练一练

scikit-learn 库有经典数据集——鸢尾花数据，请根据数据集中鸢尾花萼的长度、宽度和花瓣的长度、宽度完成聚类，要求将鸢尾花数据集聚为 3 类。

拓展园地

信创操作系统——统信

统信软件技术有限公司(简称统信软件)是中国操作系统开发企业,由操作系统厂家于2019年联合成立。统信软件总部设立在北京,注册资金6.27亿,在全国共设有6大研发中心、7大区域服务中心与3地生态适配认证中心,技术服务辐射全国。统信软件在操作系统研发、行业定制、国际化、迁移适配、交互设计等多方面拥有技术,现已形成桌面操作系统、服务器操作系统、智能终端操作系统等产品线,以及集中域管平台、企业级应用商店、彩虹平台迁移软件等应用产品,能够满足不同用户和应用场景对操作系统产品与解决方案的广泛需求,现已应用于政府、大型国央企、行业头部企业及个人用户。

统信软件开展以统信UOS操作系统为核心的软硬件生态建设,致力于打造"开放、创新、共赢"的生态体系。基于国产芯片架构的操作系统产品已经和龙芯、飞腾、申威、鲲鹏、兆芯、海光、海思麒麟、瑞芯微等芯片厂商开展了广泛、深入的合作,与国内各主流整机厂商及数百家国内外软件厂商展开了全方位的兼容性适配工作。

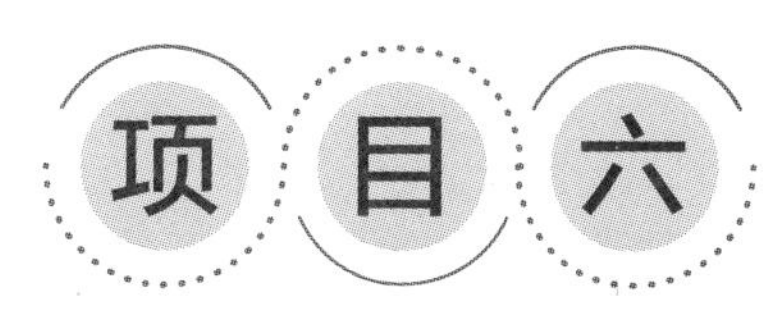

旅客流失预测分析

学习目标

◎ 掌握旅客数据质量分析、热力图和相关稀疏分析方法
◎ 掌握旅客数据预处理方法
◎ 掌握决策树算法，对航空旅客流失情况进行预测分析
◎ 掌握模型评估方法

项目描述

本项目抽取了某航空公司旅客基本数据，并对抽取的数据进行了数据预处理和数据探索分析，主要包含数据概况分析、类别转换数值操作。最后使用决策树算法对旅客流失情况进行了预测。

任务一　数据概况分析

任务说明

使用 pandas 读取旅客数据，获取数据集行、列数目，并预览旅客数据集。

```
In[1]: import numpy as np
       import pandas as pd
       churn=pd.read_csv('Customertravel.csv')
       churn.shape
```

读取结果如图 6-1 所示，前 5 条数据如图 6-2 所示。

```
churn. shape
```

(954, 7)

图 6-1　数据基本概况

```
churn. head()
```

	Age	FrequentFlyer	AnnualIncomeClass	ServicesOpted	AccountSyncedToSocialMedia	BookedHotelOrNot	Target
0	34	No	Middle Income	6	No	Yes	0
1	34	Yes	Low Income	5	Yes	No	1
2	37	No	Middle Income	3	Yes	No	0
3	30	No	Middle Income	2	No	No	0
4	30	No	Low Income	1	No	No	0

图 6-2　前 5 条数据

通过观察前 5 条数据，发现只有 Age、ServicesOpted、Target 这三个字段是数值型数据，其余字段均为类别型数据，需要进行转换。

任务二　数据预处理

任务说明

将数据中的分类变量映射为数值。

任务实现

```
In [2]: #转换分类变量
        churn['FrequentFlyer']=churn['FrequentFlyer'].astype('category')
        churn['AnnualIncomeClass']=churn['AnnualIncomeClass'].astype('category')
        churn['AccountSyncedToSocialMedia']=churn['AccountSyncedToSocialMedia'].
                astype('category')
        churn['BookedHotelOrNot']=churn['BookedHotelOrNot'].astype('category')
        print(churn.dtypes)
```

转换结果如图 6-3 所示。

```
Age                              int64
FrequentFlyer                 category
AnnualIncomeClass             category
ServicesOpted                    int64
AccountSyncedToSocialMedia    category
BookedHotelOrNot              category
Target                           int64
dtype: object
```

图 6-3　转换分类变量结果

```
In[3]: #将分类变量映射为数值
       df=pd.DataFrame(churn)
       df['FrequentFlyer']=df['FrequentFlyer'].cat.codes
       df['AnnualIncomeClass']=df['AnnualIncomeClass'].cat.codes
       df['AccountSyncedToSocialMedia']=df['AccountSyncedToSocialMedia'].cat.codes
       df['BookedHotelOrNot']=df['BookedHotelOrNot'].cat.codes
       df.head()
```

映射结果如图 6–4 所示，最终数据基本情况如图 6–5 所示，数据类型如图 6–6 所示。

	Age	FrequentFlyer	AnnualIncomeClass	ServicesOpted	AccountSyncedToSocialMedia	BookedHotelOrNot	Target
0	34	0	2	6	0	1	0
1	34	2	1	5	1	0	1
2	37	0	2	3	1	0	0
3	30	0	2	2	0	0	0
4	30	0	1	1	0	0	0

图 6-4　分类变量映射为数值

```
churn.describe()
```

	Age	FrequentFlyer	AnnualIncomeClass	ServicesOpted	AccountSyncedToSocialMedia	BookedHotelOrNot	Target
count	954.000000	954.000000	954.000000	954.000000	954.000000	954.000000	954.000000
mean	32.109015	0.662474	1.262055	2.437107	0.377358	0.396226	0.234801
std	3.337388	0.907770	0.726132	1.606233	0.484980	0.489369	0.424097
min	27.000000	0.000000	0.000000	1.000000	0.000000	0.000000	0.000000
25%	30.000000	0.000000	1.000000	1.000000	0.000000	0.000000	0.000000
50%	31.000000	0.000000	1.000000	2.000000	0.000000	0.000000	0.000000
75%	35.000000	2.000000	2.000000	4.000000	1.000000	1.000000	0.000000
max	38.000000	2.000000	2.000000	6.000000	1.000000	1.000000	1.000000

图 6-5　查看数据基本情况

```
churn.info()

<class 'pandas.core.frame.DataFrame'>
RangeIndex: 954 entries, 0 to 953
Data columns (total 7 columns):
Age                          954 non-null int64
FrequentFlyer                954 non-null int8
AnnualIncomeClass            954 non-null int8
ServicesOpted                954 non-null int64
AccountSyncedToSocialMedia   954 non-null int8
BookedHotelOrNot             954 non-null int8
Target                       954 non-null int64
dtypes: int64(3), int8(4)
memory usage: 26.2 KB
```

图 6-6　查看数据类型

任务三　热力图及相关系数分析

任务说明

通过观察热力图相关系数,查找与类标签关联最大的属性特征。

任务实现

```
In[4]: #热力图及相关系数分析
       plt.figure(figsize=(8,6))
       sns.heatmap(churn.corr(), annot=True, cmap='YlOrRd')
       plt.title("Pearson Correlation")
       plt.show()
```

热力图及相关系数分析结果如图 6-7 所示。

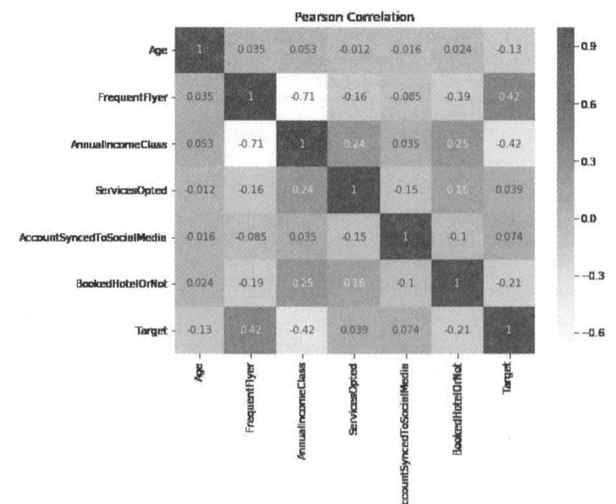

图 6-7　热力图及相关系数分析

通过观察热力图相关系数,发现类标签 Target 跟 FrequentFlyer 正相关最大。

任务四　分类模型构建

任务说明

使用决策树模型对数据进行建模分析,预测乘客流失情况。

任务实现

```
In[5]: #划分数据集
       from sklearn.model_selection import train_test_split       #导入划分数据集方法包
       X=df.drop('Target', axis=1)
       y=df['Target']
       X_train, X_test, y_train, y_test=train_test_split(X, y, test_size=0.3, random_state=0)
       print(X_train.shape)
       print(y_train.shape)
       print(X_test.shape)
       print(y_test.shape)
```

划分结果如图 6-8 所示。

```
(667, 6)
(667,)
(287, 6)
(287,)
```

图 6-8　划分数据集

```
In[6]: from sklearn.tree import DecisionTreeClassifier      #导入决策数算法包
       model=DecisionTreeClassifier(max_depth=3).fit(X_train, y_train)
```

任务五　模型评估

任务说明

对训练的模型进行评估，检验其准确度，评估是否保留该模型。

任务实现

```
In[7]: train_predictions=model.predict(X_test)
       acc=accuracy_score(y_test,train_predictions)
       print("Accuracy: {:.4%}".format(acc))
```

模型准确度评估结果如图 6-9 所示。

```
Accuracy: 84.6690%
```

图 6-9　模型准确度

练一练

请根据鸢尾花数据集构建分类模型，并对模型进行评估分析。

国内旅游人数与旅游收入回归分析

学习目标

◎ 了解线性回归的基本概念
◎ 掌握 sklearn 库的 LinearRegression 方法的使用
◎ 建立基于线性回归的国内旅游人数与国内旅游收入之间的相关性模型，并根据国内旅游人数进行国内旅游收入预测
◎ 掌握线性回归模型评估方法

项目描述

自然是生命之母，人与自然是生命共同体。无论是黄河、长江“母亲河”，还是碧波荡漾的青海湖、透迤磅礴的雅鲁藏布江；无论是南水北调的世纪工程，还是塞罕坝林场的“绿色地图”；无论是云南大象北上南归，还是藏羚羊繁衍迁徙……这些都昭示着：人不负青山，青山定不负人。经过多年的环境保护，我国的自然环境污染状况已经得到极大改善。据近几年的《中国国内旅游发展年度报告》显示，人们旅游更倾向于亲近大自然，滨水休闲、生态康养、乡村田园、都市休闲、避暑旅居等旅游产品都受到游客喜爱。表 7-1 所示为 2001—2019 年我国国内的旅游情况统计，包括国内旅游收入（单位：亿元）、国内旅游人数（单位：百万人次）。一般来说，国内旅游人数越多，国内旅游收入越高，于是可以推断出，国内旅游收入与国内旅游人数有一定的关系。找出这个关系并建立模型，就可通过国内旅游人数预测国内旅游收入。

表 7-1　2001—2019 年我国国内旅游情况统计

年份	国内旅游收入 Y /亿元	国内旅游人数 X2/百万人次	年份	国内旅游收入 Y /亿元	国内旅游人数 X2/百万人次
2001	3 522.40	784	2011	19 305.40	2 641
2002	3 878.36	878	2012	22 706.20	2 957

续表

年份	国内旅游收入 Y/亿元	国内旅游人数 X2/百万人次	年份	国内旅游收入 Y/亿元	国内旅游人数 X2/百万人次
2003	3 442.27	870	2013	26 276.10	3 262
2004	3 878.40	1 102	2014	30 311.90	3 611
2005	3 442.30	1 212	2015	34 195.10	4 000
2006	4 710.70	1 394	2016	39 389.82	4 435
2007	5 285.90	1 610	2017	45 660.77	5 001
2008	8 749.30	1 712	2018	51 278.29	5 539
2009	10 183.70	1 902	2019	57 250.92	6 006
2010	12 579.80	2 103			

任务一　数据可视化

任务说明

（1）读取数据，使用Python的pandas工具读取数据为DataFrame，对数据进行预处理。

（2）通过 Python 的 matplotlib 工具画出国内旅游人数与国内旅游收入之间的数据关系。

任务实现

用 Python 读取 Excel 表格数据，代码如下：

```
In[1]: import pandas as pd
       data=pd.read_excel("2001—2019 国内旅游情况 .xlsx")
       print(data)
```

读取的结果如图 7–1 所示。

为了便于数据的处理，将列名改为英文名，即“年”改为“year”，“国内旅游收入 Y”改为“income”，“国内旅游人数 X2”改为“population”。

```
In[2]: data.columns=["year","income","population"]
```

修改之后的数据如图 7–2 所示。

	年份	国内旅游收入Y（亿元）	国内旅游人数X2（百万人次）
0	2001	3522.40	784
1	2002	3878.36	878
2	2003	3442.27	870
3	2004	3878.40	1102
4	2005	3442.30	1212
5	2006	4710.70	1394
6	2007	5285.90	1610
7	2008	8749.30	1712
8	2009	10183.70	1902
9	2010	12579.80	2103
10	2011	19305.40	2641
11	2012	22706.20	2957
12	2013	26276.10	3262
13	2014	30311.90	3611
14	2015	34195.10	4000
15	2016	39389.82	4435
16	2017	45660.77	5001
17	2018	51278.29	5539
18	2019	57250.92	6006

图 7-1　Python 读取 Excel 表格数据

	year	income	population
0	2001	3522.40	784
1	2002	3878.36	878
2	2003	3442.27	870
3	2004	3878.40	1102
4	2005	3442.30	1212
5	2006	4710.70	1394
6	2007	5285.90	1610
7	2008	8749.30	1712
8	2009	10183.70	1902
9	2010	12579.80	2103
10	2011	19305.40	2641
11	2012	22706.20	2957
12	2013	26276.10	3262
13	2014	30311.90	3611
14	2015	34195.10	4000
15	2016	39389.82	4435
16	2017	45660.77	5001
17	2018	51278.29	5539
18	2019	57250.92	6006

图 7-2　修改列名之后的数据

其中，自变量 x 为 data["population"]，因变量 y 为 data["income"]，标签 labels 为 data["year"]，即

```
In[3]:  x=data["population"]
        y=data["income"]
        labels=data["year"]
```

使用 matplotlib 进行画图，并进行分析：

```
In [4]: import matplotlib.pyplot as plt
        plt.rcParams['font.sans-serif']=['SimHei']                     #用来正常显示中文
        plt.rcParams['axes.unicode_minus']=False                       #用来正常显示负号
        plt.plot(x, y, 'ob-')                                          #画出点线图
        for i in range(len(labels)):
            plt.annotate(labels[i],xy=(x[i],y[i]),xytext=(x[i],y[i]))  #给点添加年份标签
        plt.title("国内旅游人数与国内旅游收入关系分析")                   #设置图形标题
        plt.xlabel("国内旅游人数/百万人次")                               #设置 x 轴标签
```

```
plt.ylabel("国内旅游收入/亿元")                    #设置 y 轴标签
plt.show()                                        #显示图形
```

画出的图如图 7–3 所示。

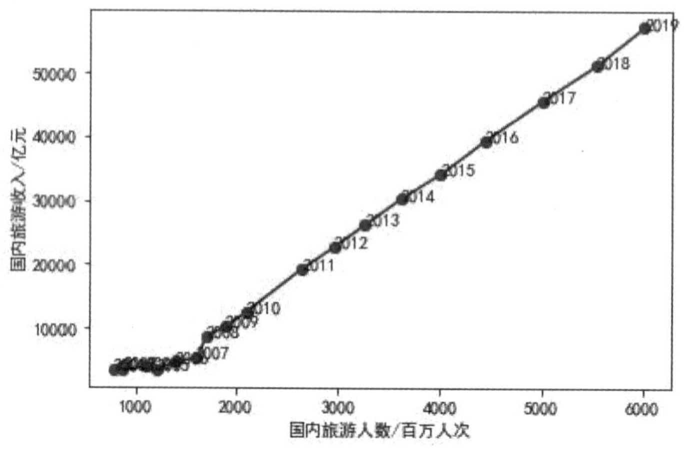

图 7–3　国内旅游人数与国内旅游收入关系图

通过图 7–3 可以看出，国内旅游收入随国内旅游人数的增加呈线性增长，所以可以用线性回归模型建模。

小结

本任务使用 Python 中的 matplotlib 库将原始数据以图表形式展示，通过画图可以对数据做初步分析，对数据之间的关系做出初步假设，为之后的模型构建打下基础。

任务二　模型构建

任务说明

（1）构建模型，导入 Python 的 sklearn 中的 LinearRegression 模块，构建线性回归模型；

（2）模型评估，使用 sklearn 库的评估方法对模型进行评估。

知识引入

线性回归起源与发展

线性回归起源于弗朗西斯·高尔顿，他对父代身高与子代身高的关系充满兴趣，搜集了 1 078 对夫妇及其儿子的身高数据。经过仔细观察分析，他发现可以将父母身高和儿子身高的关系拟合成一条直线，并在 1855 年发表了论文《遗传的身高向平均数方向的回归》，这就是统计学上“回归”定义的第一次出现。虽然“回归”的初始含义与线性关系拟合的一般规则无关（“线性”和“回归”是研究父子身高得出的两个方面的结论），但“线性回归”的术语却因此沿用下来，作为根据一种变量预测另一种变量或多种变量关系的描述方法。后来，经济学家邹至庄经过多年坚持不懈的研究，发表了《检验两条线性回归方程式的系数是否相同》一文。在这篇论文中，他提出了著名的“邹氏检验”（Chow Test），由此在经济学界声誉鹊起。前辈的经验告诉我们，发现问题、研究问题、解决问题都需要坚持不懈的努力。

回归分析概念

回归分析是处理多变量间相关关系的一种数学方法，反映两个及两个以上变量之间相互依赖的定量关系。根据变量的数量不同，可以分为一元回归和多元回归；根据因变量的连续状态，可以分为线性回归和逻辑回归。

本项目中用于分析国内旅游人数和国内旅游收入之间的关系，可以使用简单线性回归模型进行建模，它反映一个自变量和一个因变量之间的关系。简单线性回归分析的模型可以用方程（7–1）表示：

$$\boldsymbol{y}=a\boldsymbol{x}+b \tag{7–1}$$

其中，$\boldsymbol{x}$ 为自变量，$\boldsymbol{y}$ 为因变量，a 为相关系数，b 为截距。

sklearn 库简介

sklearn 是 scikit–learn 的简称，是一个基于 Python 的第三方库。sklearn 库集成了一些常用的机器学习方法，在进行机器学习任务时，并不需要实现算法，而只需要简单地调用 sklearn 库中提供的模块，就能完成大多数的机器学习任务。

任务实现

1. 建立回归模型，估计模型参数

首先由 sklearn 导入简单线性回归的求解类 LinearRegression，然后使用该类进行建模，得到 model 模型变量。再引入自变量 $\boldsymbol{x}$ 和因变量 $\boldsymbol{y}$。调用模型的 fit 函数，对模型进行拟合并求得参数。

linear_model.LinearRegression 线性回归模型有以下几个主要参数：

（1）fit_intercept：布尔型值，选择是否需要计算截距，默认值为 True；如果是中心化后的数据，可以选择 False。

（2）normalize：布尔型值，选择是否需要标准化，默认值为 False，与参数 fit_intercept

有关；当 fit_intercept 设置为 False 时，将忽略该参数。若为 True，则回归前对回归量 X 进行归一化处理，取均值相减，再除以 L2 范数（L2 范数是指向量各元素的平方和然后开方）。

（3）copy_x：布尔型值，选择是否复制 X 数据，默认值为 True；如果为 False，覆盖 X 数据。

（4）n_job：整型，代表 CPU 工作效率的核数，默认值为 1；-1 表示与 CPU 核数一致。有以下几个主要属性：

◎ coef_：数组或形状，表示线性回归分析的回归系数。

◎ intercept_：数组，表示截距。

◎ fit（X,y,sample_weight=None）：拟合线性模型。

◎ predict（X）：使用线性模型进行预测。

◎ score（X,y,sample_weight=None）：返回预测的确定系数。

训练模型 Python 实现代码如下：

```
In [5]: from sklearn.linear_model import LinearRegression
        linear=LinearRegression()
        x=data[["population"]]
        linear.fit(x,y)
```

注意：在线性回归模型中，***x*** 是二维矩阵，***y*** 是一维向量。

可以查看模型的参数。

```
In[6]:  #查看相关系数
        coef_value=linear.coef_
        print("系数为：",coef_value)
```

结果如下：

系数为：[10.7217813]

```
In[7]:  #查看截距
        intercept_value=linear.intercept_
        print("截距为：",intercept_value)
```

结果如下：

截距为：-8471.943696680111

2. 模型预测

训练好的模型可以用于预测。设国内旅游人数 x=4 000，进行结果预测 y_predict：

```
In[8]:  y_predict=linear.predict([[4000]])
```

```
print("预测值为:",y_predict)
```

结果如下:

预测值为:[34415.18151055]

3. 模型评估

回归算法的核心思想是评估预测值与观察值之间的误差。从最原始的残差(residual)到基于残差的各种变形,以便后续的数学运算和处理,所以评估回归模型有以下几种方法:

(1)决定系数。计算公式为

$$score=1-\frac{u}{v'} \tag{7-2}$$

其中,u 为残差平方和,v 为总体平方差。

(2)均方根误差(Root Mean Squared Error, RMSE)。使用欧式距离计算预测值和真实值之间的平方根值。缺点是平均值是非鲁棒的,对于异常点敏感,如果某个异常点误差大,整个 RMSE 就会比较大。

(3)均方误差(Mean Squared Error, MSE)。真实值与预测值之间差值的平方的平均值。相比平均绝对误差,均方误差对异常值更敏感。

(4)平均绝对误差(Mean Absolute Error, MAE)。真实值与预测值之间差值的平均值。

(5)中值绝对误差(Median Absolute Error, MedAE)。真实值与预测值之间差值的中值。

Python 实现代码如下:

```
In[9]: import numpy as np
       from sklearn.metrics import mean_squared_error,mean_absolute_error,
       median_absolute_error
       score=linear.score(x,y)
       mse=mean_squared_error(x,y)
       rmse=np.sqrt(mse)
       mae=mean_absolute_error(x,y)
       median_se=median_absolute_error(x,y)
       print("score=",score,"\nmse=",mse,"\nrmse=",rmse,"\nmae=",mae,"\nmedian_
             se=",median_se)
```

小结

通过本任务的学习，可以了解使用 Python 中的 sklearn 库构建线性回归模型、使用模型进行预测和对模型优劣进行评估的方法。

练一练

目前我们的项目中使用的是一元线性回归，除此之外还有多元线性回归和逻辑回归，其原理和步骤与此类似。请大家使用多元线性回归实现如下问题：如果自变量 x1=data["year"]，x2=data["population"]，因变量 y=["income"]，如何构建多元线性回归模型，实现根据国内旅游人数和年份预测国内旅游收入？

拓展园地

国产开源数据库进入生态发展期

党的二十大报告指出，要强化经济、重大基础设施、金融、网络、数据、生物、资源、核、太空、海洋等安全保障体系建设。作为基础软件"三驾马车"之一，数据库是支撑信息系统安全稳定运行的重要保障。记者从日前在京举行的 openGauss Summit（开源高斯峰会）获悉，2023 年国产数据库 openGauss 新增市场份额达 21.9%，标志着 openGauss 已跨越生态拐点，这对于保障数据安全、产业安全具有重要意义。

数据存储是数据安全的最后一道防线，其中数据库系统作为承载数据存储和计算功能的专用软件，是各企业数据工作流程的核心，是助力数据价值释放的核心引擎。数据库是三大基础软件之一，但该领域长期以来存在过度依赖国外主流数据库产品的现象。"数据安全技术的突破，不仅需要科学界解决密码学、共识算法等难题，同时需要与应用场景、基础软件等相结合，以便在千行百业落地，保证国计民生重要数据的全生命周期安全。"中国科学院院士王小云在致辞中表示。

此次峰会上，中国软件行业协会正式发布《中国软件根技术发展白皮书（数据库册）》，倡导国产数据库技术收敛路线，鼓励产业上下游生态链资源联合起来，共同打造具有国际竞争力的国产数据库技术、产品和解决方案，推动我国数据库产业高质量发展。

（节选自《国产开源数据库进入生态发展期》，光明网　2024-01-04）

实战篇

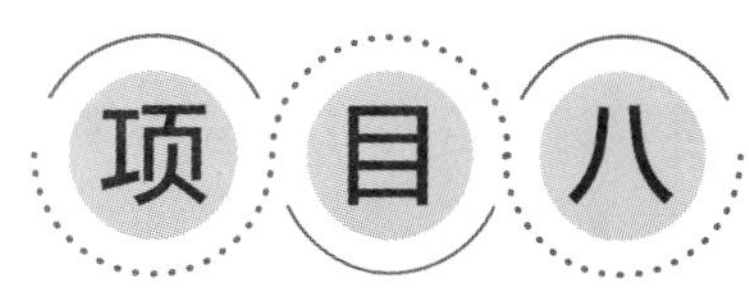

项目八 游客画像分析实训实例

学习目标

◎ 掌握游客画像分析内容
◎ 掌握游客画像数据采集来源及优劣势
◎ 能够进行游客画像清洗及数据建模
◎ 能够进行游客画像的可视化

项目描述

基于文化和旅游场所的分时实名预约数据，利用 Python 工具设计开发游客画像分析。本实例包括分时实名预约数据采集与处理、游客画像数据建模与数据清洗、游客画像内容分析、游客画像可视化展示。本项目的游客画像分析内容主要包括：游客年龄结构与性别分析、游客行为分析、游客来源分析。

知识引入

（1）游客画像，是指以各类标签描述单个游客或群体游客的特征。游客画像相似的人具备相似的旅游消费行为和消费需求，通过游客画像勾画目标游客、分析游客诉求，可以使得旅游景区对游客的特征更加了解并且聚焦，设计更能满足游客诉求的旅游产品，为景区提升营销能力及服务水平提供数据支撑。

（2）用户标签，又称用户属性，是指游客用户画像的具体属性或内容体现。用户标签按生成特点可分为显性画像和隐性画像两大类。其中显性画像是指客观存在的、与生俱来的、直观可见的特点的画像内容，如性别、年龄、身高、学历等；隐性画像是指需要通过多维数据采集与计算而产生的画像内容，如游客消费偏好、消费能力、旅游业态偏好等。用户标签按内容特点可分为自然属性标签（年龄、性别等人口统计学特征）、社会属性标签（职位、职业、收入等）、兴趣属性标签（习惯、爱好、乐趣等）、消费属性标签（渠道、频率、数量、金额等）四大类。

（3）预约系统，又称分时实名预约，主要用于游客在互联网和现场的预约。游客通过该系统进行时段库存管控、余票信息查看，预约时段选择、游客实名信息录入等操作，完成预约后系统将预约信息、用户信息、购票信息发送到景区票务综合管理系统，可实现游客直接使用二代证、二维码或刷脸等方式完成订单核销与入园。通过该系统实现客流流量管控，达到“错峰出游、削峰填谷”的效果，既提高了景区的现场管理与服务水平，又避免了游客集中来访形成拥堵，提高游客出行体验。

（4）物理数据模型，是描述数据在存储介质上的组织结构的数据模型。它不但与具体的数据库管理系统有关，而且与操作系统和硬件有关。每一种逻辑数据模型在实现时都有与其相对应的物理数据模型。数据库管理系统为了保证其独立性与可移植性，将大部分物理数据模型的实现工作交由系统自动完成，而设计者只设计索引、聚集等特殊结构。

（5）关系模型（Relation），以二维表结构来表示实体与实体之间的联系，是以关系数学理论为基础的。关系模型的数据结构是一个“二维表框架”组成的集合。每个二维表又可称为关系。在关系模型中，操作的对象和结果都是二维表。关系模型是目前最流行的数据库模型。支持关系模型的数据库管理系统称为关系数据库管理系统，如 MySQL、Oracle、SQL Server 等是常见的关系数据库管理系统。

（6）数据可视化，是关于数据视觉表现形式的科学技术研究。其中，这种数据的视觉表现形式被定义为一种以某种概要形式抽提出来的信息，包括相应信息单位的各种属性和变量。

一、实训目的

通过本实训实例，掌握以下知识点：

（1）游客画像分析业务理解；

（2）数据来源及采集方式；

（3）数据建模与清洗过程；

（4）数据分析思路与过程。

二、实训环境

（1）Python 开发环境；

（2）MySQL 数据库；

（3）Windows 10 以上版本操作系统。

三、数据来源

本实训实例实验的数据源主要为在线旅游订单数据及消费数据。

实训活动一　MySQL 的安装与基本操作

一、实训目的

（1）掌握 MySQL 的安装和基本配置。

（2）掌握 MySQL 数据库的基本操作，如建库与建表，表数据的增、删、改、查等。

（4）数据分析思路与过程。

二、实训要求

（1）能独立完成 MySQL 数据库的安装。

（2）熟悉 MySQL 数据库的基本操作及语法。

三、实训环境

本实验所需资源环境如下：

服务器	最低配置：双核 CPU、8 GB 内存、100 GB 硬盘
操作系统	Windows 10/11

四、实训过程

步骤一：下载 MySQL 安装包。

从 MySQL 官网（https://www.mysql.com/downloads/）下载安装包（下载 Windows 安装版本）。

注意：选择与操作系统版本匹配的安装包。

步骤二：安装 MySQL 数据库。

（1）双击下载的 MySQL 安装文件，打开 MySQL 安装界面。首先进入“License Agreement”（用户许可证协议）窗口，选中“I accept the license terms”（我接受系统协议），单击“Next”按钮，如图 8-1 所示。

（2）进入“Choosing a Setup Type”（安装类型选择）窗口，根据右侧的安装类型描述文件选择适合自己的安装类型（这里选择默认的安装类型），如图 8-2 所示。

注意：Developer Default——默认安装类型；Server only——仅作为服务；Client only——仅作为客户端；Full——完全安装；Custom——自定义安装类型。

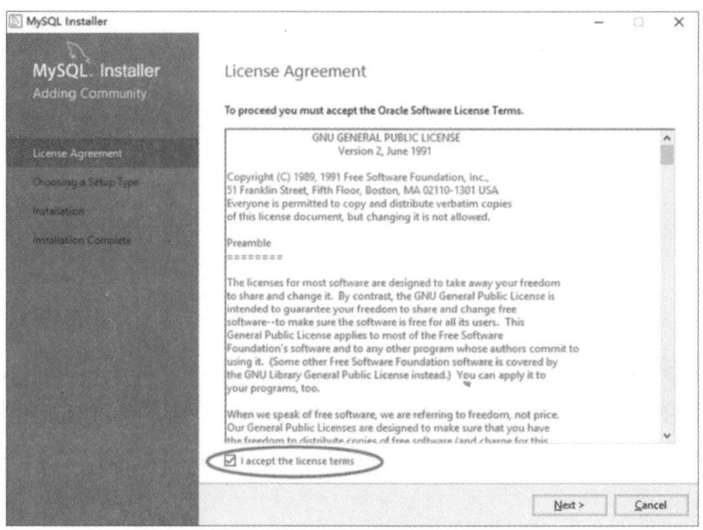

图 8-1　许可证协议界面

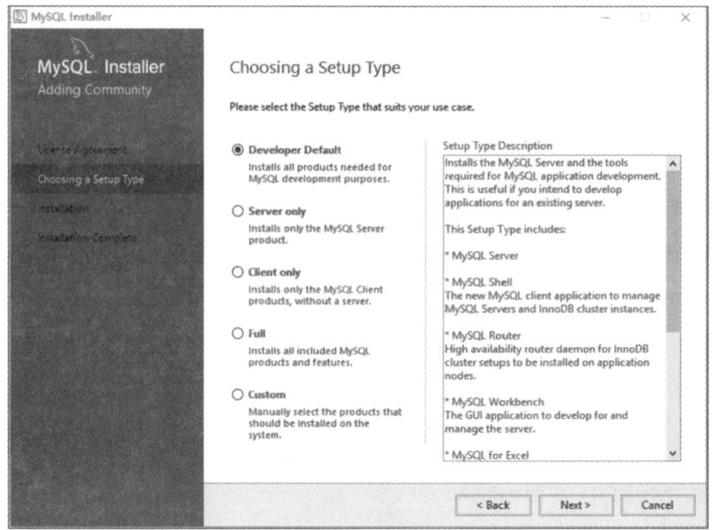

图 8-2　安装类型选择

（3）根据所选择的安装类型安装 Windows 系统框架（framework），单击 “Execute”（执行）按钮，安装程序会自动完成框架的安装，如图 8-3 所示。

（4）所需框架均安装成功后，单击 “Next” 按钮，如图 8-4 所示。

（5）进入安装确认窗口，单击 “Execute” 按钮，开始 MySQL 各个组件的安装，如图 8-5 所示。

（6）MySQL 文件安装完成后，在 “Status”（状态）列表中显示 “Complete”（安装成功），如图 8-6 所示。

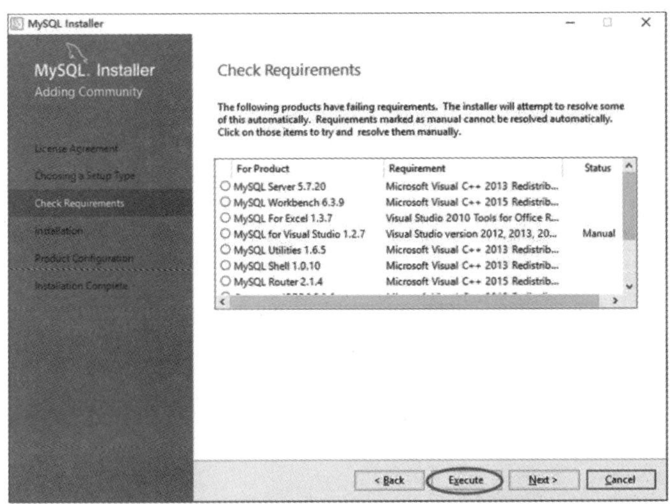

图 8-3　安装 Windows 系统框架

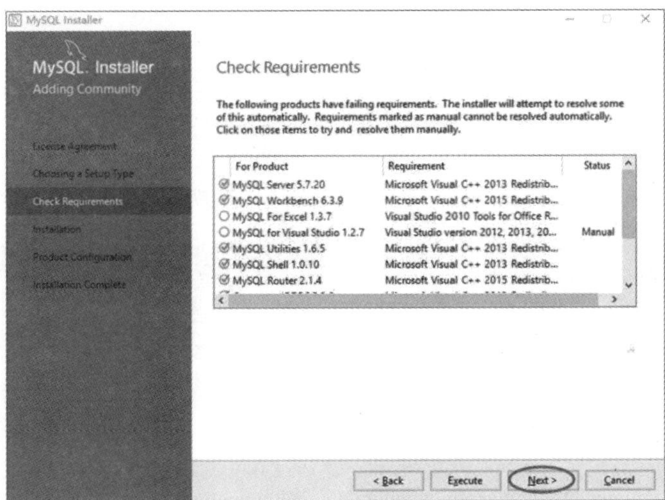

图 8-4　检查确认

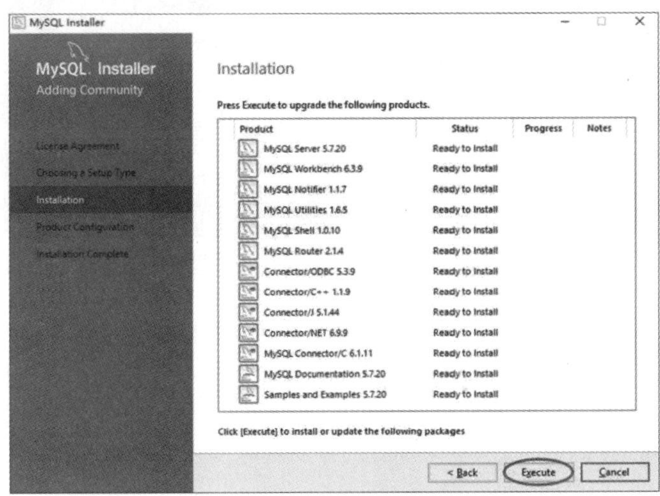

图 8-5　执行界面

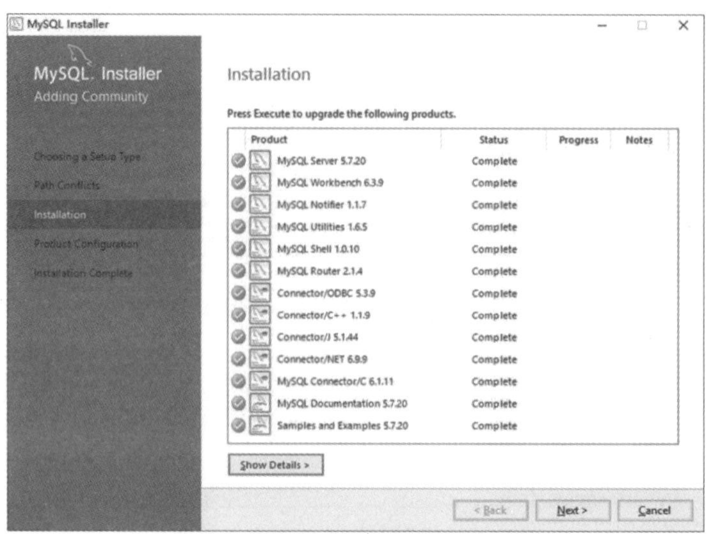

图 8-6　安装进度

后面更多的操作步骤根据提示完成。

步骤三:启停 MySQL 数据库。

通过 Windows 的服务管理器可查看修改,步骤如下:

(1)在桌面上右击“此电脑”→“管理”,如图 8-7 所示。

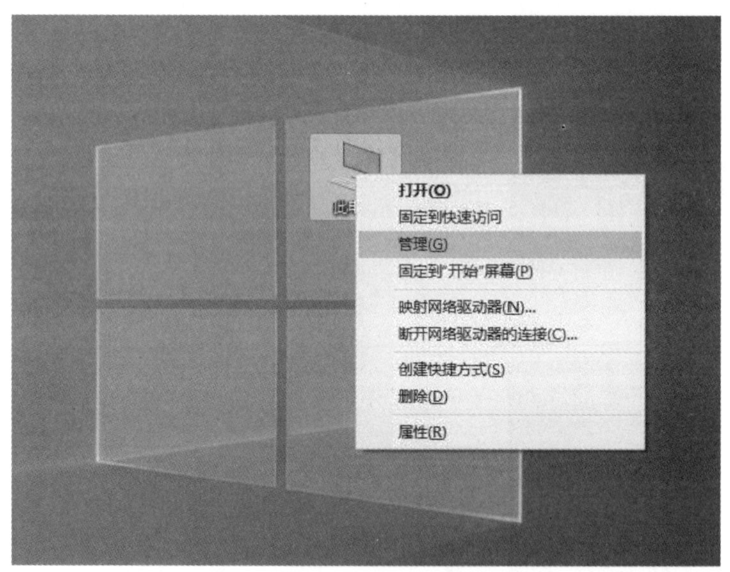

图 8-7　“此电脑”右键快捷菜单

(2)在弹出的“计算机管理”对话框中双击“服务和应用程序”,用户可查看计算机的服务状态,MySQL 的状态为“正在运行”,表明该服务已经启动,如图 8-8 所示。

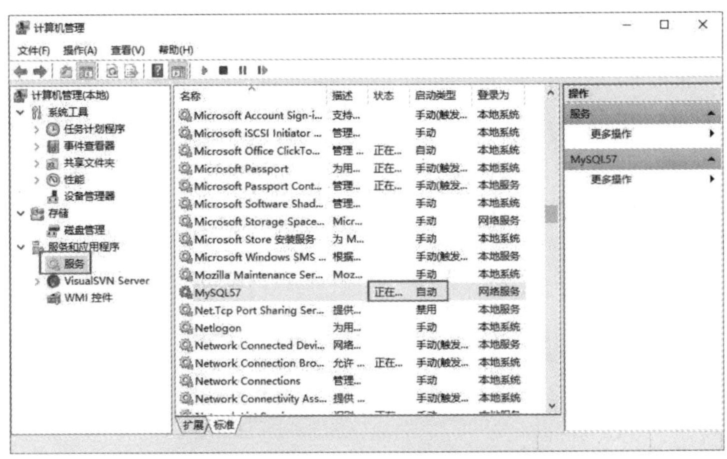

图 8-8　服务状态

从图 8-8 中可以看到，服务已经启动，而且启动类型为“自动”。如果没有“正在运行”字样，说明 MySQL 服务未启动。可以在此处鼠标右击，选择“属性”打开 MySQL 的属性对话框，如图 8-9 所示。

MySQL57 的属性(本地计算机)

常规　登录　恢复　依存关系

服务名称:　MySQL57

显示名称:　MySQL57

描述:

可执行文件的路径:

"C:\Program Files\MySQL\MySQL Server 5.7\bin\mysqld.exe" --defaults-

启动类型(E):　自动

自动(延迟启动)

自动

手动

禁用

服务状态:　已停止

启动(S)　停止(T)　暂停(P)　恢复(R)

当从此处启动服务时，你可指定所适用的启动参数。

启动参数(M):

确定　取消　应用(A)

图 8-9　MySQL 的属性对话框

在 MySQL 的属性对话框中，可以将服务状态设置为“启动”“停止”“暂停”和“恢复”。

还可以设置启动类型。在“启动类型”下拉菜单中可以选择“自动”“手动”和“禁用”。这 3 种启动类型的说明如下：

◎ 自动：操作系统启动后自动启动 MySQL 服务；

◎ 手动：MySQL 服务需要手动启动，启动后可以改变服务状态；

◎ 禁用：MySQL 服务不能启动，也不能改变服务状态。

注：如果需要经常练习 MySQL 数据库的操作，可以将 MySQL 设置为自动启动，这样可以避免每次手动启动 MySQL 服务。如果使用 MySQL 数据库的频率很低，可以将 MySQL 服务设置为手动启动，这样可以避免 MySQL 服务长时间占用系统资源。

步骤四：创建数据库。

```
CREATE DATABASE [IF NOT EXISTS] < 数据库名 >
[[DEFAULT] CHARACTER SET < 字符集名 >]
[[DEFAULT] COLLATE < 校对规则名 >];
```

实例：创建 MySQL 数据库时指定字符集和校对规则。

使用 MySQL 命令行工具创建一个测试数据库，命名为 test_db，指定其默认字符集为 utf8，默认校对规则为 utf8_chinese_ci（简体中文，不区分大小写），输入的 SQL 语句与执行结果如下所示：

```
mysql> CREATE DATABASE IF NOT EXISTS test_db
    -> DEFAULT CHARACTER SET utf8
    -> DEFAULT COLLATE utf8_chinese_ci;
Query OK, 1 row affected (0.03 sec)
```

步骤五：连接数据库。

创建数据库之后，该数据库不会自动成为当前数据库，需要用 USE 来指定当前数据库。其语法格式为：

```
USE < 数据库名 >
```

使用命令行工具将数据库 test_db 设置为默认数据库，输入的 SQL 语句与执行结果如下所示：

```
mysql> USE test_db;
Database changed
```

在执行选择数据库语句时，如果出现 “Database changed” 提示，则表示选择数据库成功。

步骤六：创建数据表。

代码示例：

在 test_db 数据库中创建一张员工表 tb_emp，输入的 SQL 语句和运行结果如下所示：

```
mysql> USE test_db;
```

```
Database changed
mysql> CREATE TABLE tb_emp
    -> (
    -> id int(11),
    -> name varchar(25),
    -> deptid int(11),
    -> code varchar(20)
    -> );
Query OK, 0 rows affected (0.37 sec)
```

创建表语句执行后，便创建了一个名为 tb_emp 的数据表，使用“SHOW TABLES;”语句查看数据表是否创建成功，如下所示：

```
mysql> SHOW TABLES;
```

步骤七：插入表数据。

INSERT 语句有两种语法形式，分别是 INSERT…VALUES 和 INSERT…SET。

例如，向员工表中插入一条记录，SQL 语句如下所示：

```
mysql> INSERT INTO tb_emp
    -> (id,name,deptid,code)
    -> VALUES(1,'张三',3,'20230101');
Query OK, 1 rows affected (0.08 sec)
```

步骤八：查询表数据。

（1）使用“*”查询表的所有字段。

SELECT 可以使用“*”查找表中所有字段的数据，语法格式如下：

```
SELECT * FROM 表名;
```

使用“*”查询时，只能按照数据表中字段的顺序进行排列，不能改变字段的排列顺序。

代码示例：

```
mysql> USE test_db;
Database changed
mysql> SELECT * FROM tb_emp;
```

注意：一般情况下，除非需要使用表中所有的字段数据，否则最好不要使用通配符“*”。虽然使用通配符可以节省输入查询语句的时间，但是获取不需要的列数据通常会降低查询和所使用的应用程序的效率。使用“*”的优点是，当不知道所需列的名称时，可以通过“*”获取它们。

（2）查询表中指定的字段，查询表中的某一个字段的语法格式为：

```
SELECT <列名> FROM <表名>;
```

代码示例：

```
mysql> USE test_db;
Database changed
mysql> SELECT id,name,code FROM tb_emp;
```

步骤九：删除表数据。

（1）删除表中的全部数据，SQL 语法格式为：

```
DELETE FROM <表名 >;
```

删除员工表所有记录，代码示例：

```
mysql> USE test_db;
Database changed
mysql> DELETE FROM tb_emp;
```

（2）根据条件删除表中的数据，SQL 语法格式为：

```
DELETE FROM <表名> [WHERE 条件 ];
```

删除员工表中名字叫张三的记录，代码示例：

```
mysql> USE test_db;
Database changed
mysql> DELETE FROM tb_emp where name='张三';
```

实训活动二　实名分时预约数据采集

一、实训目的

本实训的目的是让学生通过实名分时预约数据采集的实际案例，掌握 Python 数据分析与挖掘的基本技能。包括：

（1）掌握常见的数据采集方式；

（2）数据采集，采集实名分时预约数据，为游客画像分析提供数据支撑；

（3）数据存储，把原始预约数据保存至数仓或 MySQL 数据库中。

二、实训要求

（1）理解实名分时预约数据采集的概念和目的。

（2）学习使用 Python 的相关库和工具进行数据采集、清洗和分析。

（3）设计和实现数据采集脚本，确保能够从合适的数据源中获取所需的数据。

（4）对数据采集结果进行总结，得出相应的结论和建议。

三、实训环境

（1）操作系统：建议使用 Windows、Linux 或 Mac OS。

（2）Python 环境：安装 Python 编程语言的最新版本。

（3）开发工具：Jupyter Notebook。

（4）数据源：选择一个与实名分时预约相关的数据源，如数据库、API 接口或 CSV 文件等。

四、实训过程

步骤一：创建游客画像数据库。

（1）登录 MySQL，使用 CREATE DATABASE 语句创建数据库。

```
mysql> CREATE DATABASE IF NOT EXISTS DB_TravelData
    -> DEFAULT CHARACTER SET utf8
    -> DEFAULT COLLATE utf8_chinese_ci;
```

（2）创建预约数据表。

```
mysql> USE DB_TravelData;
Database changed
// 预约数据建表，下面的代码都省略了 MySQL 提字符
drop table if exists T_Travel_BookData;
create table T_Travel_BookData(
    ID int(10) not null comment '记录 ID',
    BillNo varchar(32) comment '订单号',
    BookDate datetime comment '预约日期',
    TravelDate date not null comment '游玩日期',
    IDCard varchar(32) comment '身份证号码',
    CheckInTime datetime comment '入园时间',
    Book_channel varchar(10) comment '预约渠道',
```

```
    ParkName varchar(10) comment '景区名',
    ParkLevel varchar(10) comment '景区等级',
    ProductName varchar(32) comment '产品名称',
    ProductPrice decimal(10,2) comment '产品价格',
    CreateTime datetime not null comment '创建时间',
    Amount int(10) not null comment '数量',
    primary key(ID)
) comment='预约数据';
```

步骤二:通过文件导入方式采集数据。

从分时实名预约系统中导出预约数据并生成数据文件,数据文件类型有 DBase 文件(*.dbf)、文本文件(*.txt)、CSV 文件(*.csv)、Excel 文件(*.xls;*.xlsx)、XML 文件(*.xml)、MS Access 数据库文件(*.mdb)。

导出数据内容包括:交易 ID、身份证号码、预约日期、游玩日期、入园时间、预约渠道、景区名称、景区等级、产品名称、产品价格。

步骤三:通过 ODBC 连接方式采集数据。

通过 ODBC 方式连接预约系统数据库,操作步骤如图 8-10、图 8-11 所示,按步骤要求完成数据导入操作。

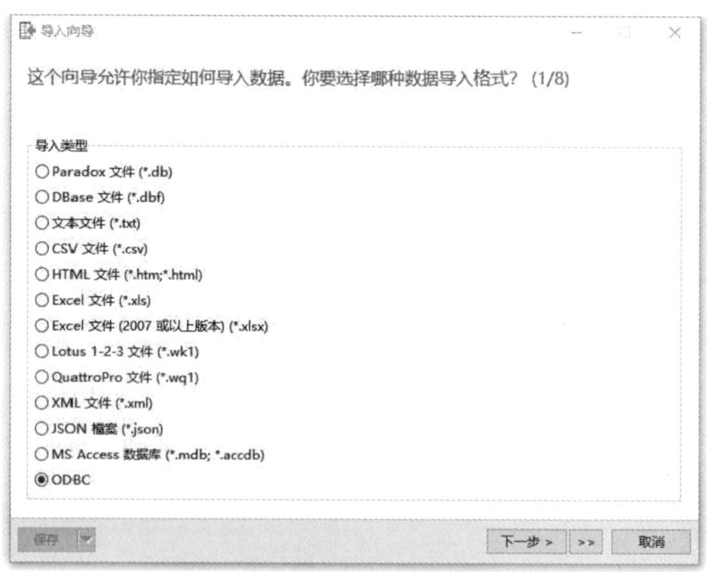

图 8-10　ODBC 方式连接数据库

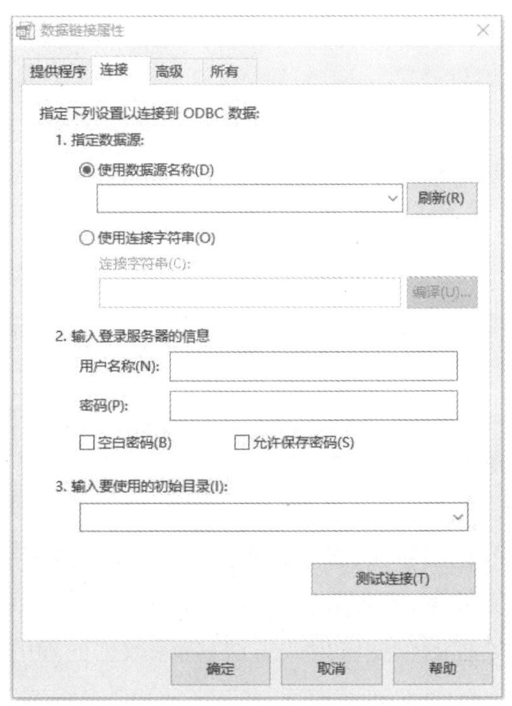

图 8-11 数据连接属性

步骤四:数据查看。

通过文件导入或数据库访问方式把预约数据采集至预约表中。

代码示例:

```
-- 使用 MySQL 客户端查看 10 条样例数据
SELECT * FROM DB_TravelData.T_Travel_BookData limit 10;
```

实训活动三 游客画像数据预处理

一、实训目的

在数据挖掘中,海量的原始数据中存在着大量不完整(有缺失值)、不一致、有异常的数据,严重影响数据挖掘建模的执行效率,甚至可能导致挖掘结果的偏差,所以进行数据清洗尤为重要。数据清洗完成后接着进行或者同时进行数据集成、转换、规约等一系列的处理,该过程就是数据预处理。数据预处理一方面是要提高数据的质量,另一方面是要让数据更好地适应特定的挖掘技术或工具。

本实训的目的是让学生通过对游客画像数据进行预处理，掌握 Python 数据分析与挖掘中的数据清洗和预处理技能。通过实际操作和处理真实的游客画像数据，学生将能够理解数据预处理的重要性，并学会应用适当的技术工具和方法来清洗、转换和处理数据，为后续的数据分析和挖掘奠定良好的基础。

二、实训要求

（1）理解游客画像数据预处理的概念和目的，了解数据预处理的基本步骤和常见问题。

（2）学习使用 Python 的相关库和工具来进行数据预处理，如 numpy、pandas 等。

（3）导入游客画像数据集，检查数据的完整性，处理缺失值、异常值和重复值等数据质量问题。

（4）对数据进行规范化和转换，包括数据类型的转换、日期和时间的处理等。

（5）对数据进行去噪处理，消除数据中的干扰和噪声，提高数据的质量和可信度。

（6）建立清洗和预处理的数据管道或方法，确保数据处理的可重复性和可扩展性。

三、实训环境

（1）操作系统：建议使用 Windows、Linux 或 Mac OS。

（2）Python 环境：安装 Python 编程语言的最新版本。

（3）开发工具：Jupyter Notebook。

（4）数据集：准备一份游客画像数据集，可以是 CSV、Excel 或数据库中的数据，确保数据具有一定的规模和多样性。

四、实训过程

步骤一：连接游客画像数据库。

代码示例：

```
import time
import datetime
import sqlalchemy
import pymysql
import pandas as pd
from pyecharts.charts import Pie, Radar, Map
from pyecharts.components import Table
import pyecharts.options as opts
```

```
#连接游客画像数据库
engine=sqlalchemy.create_engine("mysql+pymysql://root:123456@192.168.201.113:3306/DB_TravelData")
#查询原始的游客预约数据
sql="""select * from DB_TravelData.T_Travel_BookData"""
ods_data=pd.read_sql(sql, engine)
```

步骤二：预约数据清洗。

数据清洗主要是删除原始数据集中的无关数据、重复数据、平滑噪声数据，筛选掉与挖掘主题无关的数据，处理缺失值、异常值等。

（1）缺省值处理：

如果通过简单删除小部分记录能达到既定的目标，那么删除含有缺失值的记录的方法是最有效的。然而，这种方法却有很大的局限性。它是以减少历史数据来换取数据的完备，会造成资源的大量浪费，将丢弃大量隐藏在这些记录中的信息。尤其在数据集本来就包含很少记录的情况下，删除少量记录可能会严重影响分析结果的客观性和正确性。一些模型可以将缺失值视作一种特殊的取值，允许直接在含有缺失值的数据上进行建模。

代码示例：

```
#检查缺失数据
null_data=ods_data.isnull().sum().sort_values(ascending=False)
#删除身份证号为空的数据
ods_data.dropna(how='all', subset=['IDCard'], inplace=True)
#检查重复数据
ods_data.duplicated()
#删除重复数据
ods_data.drop_duplicates()
```

（2）异常值处理：

在采集的数据中，有些变量可能会出现异常值。例如，门票订单中的身份证号码、手机号码明显不符合规则。对于这些异常值，可以采取以下方法进行处理：

① 删除。如果异常值很明显且不影响分析结果，可以删除该异常数据。

② 标记。通过设置标记将异常值标记出来，以便于后续分析。

③ 修正。利用某个比较折中的“值”去进行修改。比如，可以使用平均数来进行修正，这种方法比较适合在样本量较小的时候使用。

代码示例：

```
#检查身份证号是否存在及身份证号正确性
def check_certno(certno):
  coeff=[7, 9, 10, 5, 8, 4, 2, 1, 6, 3, 7, 9, 10, 5, 8, 4, 2]
  check=[1, 0, 'X', 9, 8, 7, 6, 5, 4, 3, 2]
  today=datetime.datetime.now().strftime('%Y%m%d')
  year=time.localtime(time.time())[0]
  if certno:
      if len(certno)==18:
          if certno[0:17].isdigit():
              if int(certno[6:10]) in range(1900, year+1):
                  if int(certno[6:14])<=int(today):
                      try:
                          time.strptime(certno[6:14], "%Y%m%d")
                          tmp=0
                          for i in range(0, 17):
                              tmp=tmp+int(certno[i])*coeff[i]
                          mod=tmp%11
                          sex='女' if int(certno[-2])%2==0 else '男'
                          if str(check[mod])==certno[-1]:
                              return certno
                          else:
                      print(f'\txxxx 身份证末位校验码 "{certno[-1]}" 不正确( 应为
                              "{check[mod]}" ) xxxx')
                              return None
                      except:
                          print(f'\t 出生日期[{certno[6:14]}: 年月日]不是合法的格式')
                          return None
                  else:
                      print(f'\t 出生日期[{certno[6:14]}]不应晚于当前日期[{today}]')
                      return None
              else:
                  print(f'\t 出生年份{certno[6:10]}错误，应介于[1900--{year}]年之间')
                  return None
```

```
                else:
                    print('\t 身份证前 17 位应全部为数字')
                    return None
            else:
                print('\t 身份证长度应为 18 位')
                return None
    else:
        return None

ods_data['IDCard']=ods_data['IDCard'].apply(check_certno)

#删除身份证号为空的数据
ods_data.dropna(how='all', subset=['IDCard'], inplace=True)
```

步骤三：数据字典初始化。

数据挖掘需要的数据往往分布在不同的数据源中，数据集成就是将多个数据源合并存放在一个一致的数据存储（如数据仓库）中的过程。

在数据集成时，来自多个数据源的现实世界实体的表达形式是不一样的，有可能不匹配，要考虑实体识别问题和属性冗余问题，从而将源数据在最底层上加以转换、提炼和集成。

创建清洗需要的维度信息表如下：

代码示例（使用 MySQL 客户端执行）：

```
#地区信息表
CREATE TABLE 'dim_area' (
 'id' int(11) NOT NULL COMMENT '主键',
 'province_name' varchar(100) COLLATE utf8mb4_bin DEFAULT NULL COMMENT '省份名称',
 'province_code' varchar(100) COLLATE utf8mb4_bin DEFAULT NULL COMMENT '省份编码',
 'city_name' varchar(100) COLLATE utf8mb4_bin DEFAULT NULL COMMENT '城市名称',
 'city_code' varchar(100) COLLATE utf8mb4_bin DEFAULT NULL COMMENT '城市编码',
 'district_name' varchar(100) COLLATE utf8mb4_bin DEFAULT NULL COMMENT '区县名称',
```

```
 'district_code' varchar(100) COLLATE utf8mb4_bin DEFAULT NULL COMMENT '区县
编码',
 type' varchar(10) COLLATE utf8mb4_bin DEFAULT NULL COMMENT '数据类型',
 'sign' varchar(100) COLLATE utf8mb4_bin DEFAULT NULL COMMENT '标记',
 'old_province_name' varchar(100) COLLATE utf8mb4_bin DEFAULT NULL
COMMENT '旧省份名称',
 'old_city_name' varchar(100) COLLATE utf8mb4_bin DEFAULT NULL COMMENT '旧
城市名称',
 'old_district_name' varchar(100) COLLATE utf8mb4_bin DEFAULT NULL,
 'create_by' varchar(255) COLLATE utf8mb4_bin DEFAULT NULL COMMENT '创建者',
 'create_time' datetime DEFAULT CURRENT_TIMESTAMP,
 'update_by' varchar(255) COLLATE utf8mb4_bin DEFAULT NULL COMMENT '更新者',
 'update_time' datetime DEFAULT NULL COMMENT '更新时间',
 'remark' varchar(255) COLLATE utf8mb4_bin DEFAULT NULL COMMENT '备注',
 'modify_time' datetime DEFAULT CURRENT_TIMESTAMP ON UPDATE CURRENT_
TIMESTAMP,
 PRIMARY KEY ('id'),
 KEY 'idx_district_code' ('district_code')
)ENGINE=InnoDB DEFAULT CHARSET=utf8mb4 COLLATE=utf8mb4_bin

#预约渠道字典表
CREATE TABLE 'dim_book_channel'(
 'id' int(11) NOT NULL AUTO_INCREMENT,
 'channel_code' int(11) DEFAULT NULL,
 'channel_name' varchar(100) DEFAULT NULL,
 PRIMARY KEY ('id')
)ENGINE=InnoDB  DEFAULT CHARSET=utf8 COMMENT='预约渠道字典表'

#性别字典表
CREATE TABLE 'dim_gender'(
 'gender_code' int(11) DEFAULT NULL,
 'gender_name' varchar(100) DEFAULT NULL,
 'id' int(11) NOT NULL AUTO_INCREMENT,
 PRIMARY KEY ('id')
```

```
) ENGINE=InnoDB DEFAULT CHARSET=utf8 COMMENT='性别字典表'

#节假日维度表
CREATE TABLE 'dim_public_holiday_pre'(
  'yyyymmdd' int(11) NOT NULL,
  'holiday' varchar(255) COLLATE utf8mb4_bin NOT NULL,
  'yyyymmdd2' date DEFAULT NULL,
  'yyyy' int(11) DEFAULT NULL,
  'day_sort' int(11) DEFAULT NULL,
  'is_holiday' char(1) COLLATE utf8mb4_bin DEFAULT NULL,
  'confluent__last_updated' timestamp NULL DEFAULT CURRENT_TIMESTAMP,
  PRIMARY KEY ('yyyymmdd','holiday')
)ENGINE=InnoDB DEFAULT CHARSET=utf8mb4 COLLATE=utf8mb4_bin

#景区分类表
CREATE TABLE 'dim_tourist_category'(
  'tourist_areas_id' int(10) NOT NULL COMMENT '景区 ID',
  'tourist_areas_name' varchar(225) COLLATE utf8_bin DEFAULT NULL COMMENT
'景区名称',
  'category_level' varchar(225) COLLATE utf8_bin DEFAULT NULL COMMENT '景区分
类',
  PRIMARY KEY ('tourist_areas_id')
)ENGINE=InnoDB DEFAULT CHARSET=utf8 COLLATE=utf8_bin COMMENT='景
区分类维表'
```

将同目录中的对应 CSV 文件导入到 MySQL 表中。

例如：查看维度表，代码示例（使用 MySQL 客户端查看）：

```
-- 行政区域信息维表
SELECT * FROM DB_TravelData.dim_area


-- 男女性别维表
SELECT * FROM DB_TravelData.dim_gender;


-- 预约渠道字典表
SELECT * FROM DB_TravelData.dim_book_channel;
```

步骤四:数据预处理结果查看。

本步骤主要是对数据进行规范化处理,将数据转换成适当的形式,以适用于挖掘任务以及算法的需要。

代码示例:

```
#查看 dataframe 的信息
ods_data.info()
#查看每一列的数据类型
ods_data.dtypes
#查看数据行列数
ods_data.shape
```

实训活动四　游客画像建模与清洗

一、实训目的

根据游客画像分析内容设计相应的数据模型,并在 MySQL 数据库中建立相关的关系数据模型。

本实训的目的是让学生通过游客画像数据建模与清洗的实际任务,掌握 Python 数据分析与挖掘的建模和清洗技能。通过实际操作和处理真实的游客画像数据,学生将能够理解数据建模和清洗的重要性,并学会运用适当的技术工具和方法来清洗、转换和建模数据,为后续的数据分析和挖掘提供准确、可靠的数据基础。

二、实训要求

(1)理解游客画像数据建模与清洗的概念和目的,了解数据建模和清洗的基本步骤和流程。

(2)学习使用 Python 的相关库和工具来进行数据建模和清洗,如 numpy、pandas 等。

(3)导入游客画像数据集,检查数据的完整性和一致性,处理缺失值、异常值和重复值等数据质量问题。

(4)完成游客画像数据建模,根据数据分析实际需求设计合理的数据模型。

(5)对建模结果进行评估和解释,分析模型的准确度、稳定性。

(6)建立数据清洗和建模的工作流程,确保数据处理和建模过程的可重复性和可扩展性。

三、实训环境

（1）操作系统：建议使用 Windows、Linux 或 Mac OS。

（2）Python 环境：安装 Python 编程语言的最新版本。

（3）开发工具：Jupyter Notebook。

（4）数据源：选择一个与实名分时预约相关的数据源，如数据库、API 接口或 CSV 文件等。

四、实训过程

步骤一：游客画像数据模型设计，如图 8-12 所示。

图 8-12 游客画像数据模型

步骤二：游客画像表结构创建。

根据游客画像数据模型，在 MySQL 数据库中创建表结构。

选择数据库：DB_TravelData

建表语句如下（使用 MySQL 客户端）：

```
drop table if exists Traveller_Age;
create table Traveller_Age(
ID int(10) not null comment '记录 ID',
TravelDate date not null comment '游玩日期',
AgePeriod varchar(20) not null comment '年龄段',
Amount int(10) not null comment '数量',
CreateTime datetime not null comment '创建时间',
primary key(ID)
)comment='游客年龄结构';

drop table if exists Traveller_Sex;
```

```
create table Traveller_Sex(
    ID int(10) not null comment '记录 ID',
    TravelDate date not null comment '游玩日期',
    SexType int(10) comment '性别(0 女、1 男、2 未知 )',
    Amount int(10) not null comment '数量',
    CreateTime datetime not null comment '创建时间',
    primary key(ID)
)comment='游客性别占比';

drop table if exists Traveller_Source;
create table Traveller_Source(
    ID int(10) not null comment '记录 ID',
    TravelDate date not null comment '游玩日期',
    Province varchar(32) comment '省份',
    City varchar(32) comment '城市',
    Area varchar(32) comment '区域',
    Amount int(10) not null comment '数量',
    CreateTime datetime not null comment '创建时间',
    primary key(ID)
)comment='游客客源地';
```

选择数据库：DB_TravelData

建表语句如下：

```
drop table if exists Traveller_Age;
create table Traveller_Age(
    ID int(10) not null comment '记录 ID',
    TravelDate date not null comment '游玩日期',
    AgePeriod varchar(20) not null comment '年龄段',
    Amount int(10) not null comment '数量',
    CreateTime datetime not null comment '创建时间',
    primary key(ID)
)comment='游客年龄结构';

drop table if exists Traveller_Sex;
create table Traveller_Sex(
```

```
    ID int(10) not null comment '记录 ID',
    TravelDate date not null comment '游玩日期',
    SexType int(10) comment '性别(0 女、1 男、2 未知)',
    Amount int(10) not null comment '数量',
    CreateTime datetime not null comment '创建时间',
    primary key(ID)
)comment='游客性别占比';

drop table if exists Traveller_Source;
create table Traveller_Source(
    ID int(10) not null comment '记录 ID',
    TravelDate date not null comment '游玩日期',
    Province varchar(32) comment '省份',
    City varchar(32) comment '城市',
    Area varchar(32) comment '区域',
    Amount int(10) not null comment '数量',
    CreateTime datetime not null comment '创建时间',
    primary key(ID)
)comment='游客客源地';
```

步骤三:游客画像数据清洗。

根据游客画像数据模型,清洗并存储数据,游客画像数据清洗示例如下:

数据依赖表:T_Travel_BookData

代码如下:

```
#一、清洗年龄段明细数据
#定义根据身份证号清洗年龄段信息的函数
def get_age_period(idcard):
    if idcard and len(idcard)==18:
        ap=idcard[8:9]
    else:
        ap=''
        return '其他'
    if ap=='6':
        return '60 后'
    elif ap=='7':
```

```
        return '70后'
    elif ap=='8':
        return '80后'
    elif ap=='9':
        return '90后'
    elif idcard[6:10]>='2000':
        return '00后'
    else:
        return '其他'

ods_data['AgePeriod']=ods_data['IDCard'].apply(get_age_period)
#分组计算
group_age=ods_data.Amount.groupby([ods_data['TravelDate'], ods_data
            ['AgePeriod']]).sum().reset_index()
group_age['CreateTime']=datetime.date.today()
#清洗完成的结果插入到数据模型中的年龄结构表
group_age.to_sql('Traveller_Age', engine, if_exists='replace', index=None)

#二、清洗性别明细数据
#定义根据身份证号清洗性别信息的函数
def get_sex_type(idcard):
    if idcard and len(idcard)==18:
        ap=idcard[16]
    else:
        ap=''
        return 2
    if int(ap)%2==0:
        return 0
    elif int(ap)%2!=0:
        return 1

ods_data['SexType']=ods_data['IDCard'].apply(get_sex_type)
#分组计算
group_sex=ods_data.Amount.groupby([ods_data['TravelDate'], ods_data['SexType']]).
sum().reset_index()
```

```
group_sex['CreateTime']=datetime.date.today()
group_sex['ID']=group_sex.index
#清洗完成的结果插入到数据模型中的性别统计表
group_sex.to_sql('Traveller_Sex', engine, if_exists='replace', index=None)

#三、清洗客源地数据
dim_area_sql="""select * from dim_area where type='最新 """"
dim_area_df=pd.read_sql(dim_area_sql, engine)
ods_data['area_code']=ods_data['IDCard'].apply(lambda x: x[0:6])
ods_data=ods_data.merge(dim_area_df, left_on=['area_code'], right_on=['district_code'],
        how='left')
source_df=ods_data[['TravelDate', 'province_name', 'city_name', 'district_name', 'Amount',
         'CreateTime']]
source_df['ID']=source_df.index
source_df['CreateTime']=datetime.date.today()
source_df.columns=['TravelDate', 'Province', 'City', 'Area', 'Amount', 'CreateTime', 'ID']
#清洗完成的结果插入到数据模型中的客源表
source_df.to_sql('Traveller_Source', engine, if_exists='replace', index=None)
```

实训活动五　游客画像数据分析

一、实训目的

本实训的目的是让学生通过对游客画像数据进行分析，掌握 Python 数据分析与挖掘的技能。通过实际操作和分析真实的游客画像数据，学生将能够理解数据分析的重要性，并学会运用适当的技术工具和方法来提取、清洗、探索和可视化数据，从中获取有价值的信息和见解。

在实训活动三与实训活动四的操作基础上，实现游客画像数据分析，具体内容包括：游客年龄分析、游客性别分析、游客来源分析。

二、实训要求

（1）理解游客画像数据分析的概念和目的，了解数据分析的基本步骤和流程。

（2）学习使用 Python 的相关库和工具来进行数据分析，如 pandas、numpy、matplotlib、seaborn 等。

（3）导入游客画像数据集，进行数据预处理，包括处理缺失值、异常值和重复值等数据质量问题。

（4）进行数据探索性分析，统计和可视化数据的基本特征、分布、关联性等。

（5）进行游客画像的分群和聚类分析，探索不同群体的特征和行为模式。

（6）对分析结果进行解释和总结，得出相应的结论和建议。

（7）建立数据分析的工作流程，确保数据处理和分析过程的可重复性和可扩展性。

三、实训环境

（1）操作系统：建议使用 Windows、Linux 或 Mac OS。

（2）Python 环境：安装 Python 编程语言的最新版本。

（3）开发工具：Jupyter Notebook。

（4）数据集：准备一份游客画像数据集，可以是 CSV、Excel 或数据库中的数据，确保数据具有一定的规模和多样性。

四、实训过程

步骤一：游客年龄分析。

（1）数据分析内容

分析指定日期范围的游客年龄段及占比。

（2）数据分析实现：

Python 代码如下：

```
#绘制游客年龄分布饼图
pie=Pie()
sql_age="""
    select
        AgePeriod,
        sum(Amount) as num
    from
        Traveller_Age
    group by
        AgePeriod
"""
age_df=pd.read_sql(sql_age, engine)
```

```
age_raw_list=age_df.to_dict(orient='list')
age_list=[list(z) for z in zip(age_raw_list['AgePeriod'], age_raw_list['num'])]
pie.add('', age_list)
pie.set_global_opts(title_opts=opts.TitleOpts(title="游客年龄结构占比分析"))
pie.set_series_opts(label_opts=opts.LabelOpts(formatter="{b}: {c}"))
pie.render_notebook()
```

步骤二：游客来源分析。

（1）数据分析内容：

统计分析指定日期范围的游客来源排行、游客数量及同比增长率。

（2）数据分析实现：

Python 代码如下：

```
#游客来源地分析
t_source_sql="""
select jin.Province,jin.num,concat(truncate((jin.num-IFNULL(qu.num,0))/jin.
num*100,1),'%') as create_rate from
(
    select
        Province,sum(Amount) as num from Traveller_Source where year(TravelDate)=
            YEAR(CURRENT_DATE())
    group by Province
)jin
left join(select
            Province,sum(Amount) as num from Traveller_Source where year(TravelDate)=
                YEAR(CURRENT_DATE())-1
            group by Province) qu on jin.Province=qu.Province
order by jin.num desc
"""
t_source_df=pd.read_sql(t_source_sql, engine)
if t_source_df.empty:
    print("游客来源数据为空")
else:
    t_source_df['rank']=t_source_df.index
    #绘制游客分析人数表格
    table=Table()
```

```
headers=['排名', '省份', '人数', '同比增长']
table.add(headers, t_source_df[['rank', 'Province', 'num', 'create_rate']].values.tolist())
#由于 jupyter notebook 原因可能会不显示 table
table.render_notebook()
```

步骤三:游客出行偏好分析。

(1)数据分析内容及数据源:

根据线上线下数据分析游客出行偏好,包括出行方式、出行时间、停留时间。分析条件为日期访问,分析内容如下:

① 出行方式的占比分析,出行方式类型分为独行侠、家庭、团队。

② 出行时间的占比分析,出行时间类型分为:平日、周末、法定假期。

③ 游客停留时长占比分析,停留时长分为:当天、一天、两天、三天、四天到七天、七天以上、其他。

(2)实现过程:

Python 代码如下:

```
#预约出游组合人数分析
def deal_amount_group(amount):
    if amount==1:
        return '独行侠'
    elif amount>1 and amount<5:
        return '家庭'
    else:
        return '团队'

ods_data['group_travel']=ods_data.Amount.apply(deal_amount_group)
group_amount_group=ods_data.Amount.groupby([ods_data['group_travel']]).count().reset_
                    index()

#出行时间占比分析
holiday_sql="select * from dim_public_holiday_pre"
holiday_df=pd.read_sql(holiday_sql, engine)
ods_data=ods_data.merge(holiday_df, left_on=['TravelDate'], right_on=['yyyymmdd2'],
        how='left')
```

```
def deal_date_type(travel_date, is_holiday):
    if is_holiday=='T':
        return '法定假期'
    else:
        if travel_date.weekday()>=5:
            return '周末'
        else:
            return '平日'

ods_data['date_type']=ods_data.apply(lambda row: deal_date_type(row['TravelDate'],
                    row['is_holiday']), axis=1)
group_holiday=ods_data.Amount.groupby([ods_data['date_type']]).sum().reset_index()

#获取预约酒店数据
hotel_book_sql="""
            select * from DB_TravelData.T_Hotel_BookData
            """
ods_hotel_data=pd.read_sql(hotel_book_sql, engine)
#与预约游客数据表关联
ods_data=ods_data.merge(holiday_df, left_on=['TravelDate'], right_on=['yyyymmdd2'],
        how='left')

#停留时间分析
def length_of_stay(start_date, end_date):
    start=datetime.datetime.strptime(start_date, '%Y-%m-%d') if isinstance(start_date, str)
         else start_date
    end=datetime.datetime.strptime(end_date, '%Y-%m-%d') if isinstance(end_date, str)
        else end_date
    length_day=(end - start).days
    if length_day<0:
        return '其他'
    if length_day==0:
        return '当天'
    elif length_day==1:
```

```
        return '一天'
    elif length_day==2:
        return '两天'
    elif length_day==3:
        return '三天'
    elif length_day>3 and length_day<8:
        return '四天到七天'
    else:
        return '七天以上'

ods_hotel_data['stay_length']=ods_hotel_data.apply(lambda row: length_of_stay
                    (row['TravelDate'], row['LeaveDate']),axis=1)
#过滤掉异常数据
ods_hotel_data=ods_hotel_data[ods_hotel_data['stay_length'] !='其他']
group_stay_length=ods_hotel_data.Amount.groupby([ods_hotel_data['stay_length']]).
            sum().reset_index()
```

步骤四:游客消费偏好分析。

(1)数据分析内容:

统计分析指定日期范围的游客消费偏好,包括:住宿偏好、旅游资源偏好。

(2)实现过程:

Python 代码如下:

```
#游客住宿偏好分析
def deal_hotel_leave(hotel_leave, product_type):
    if product_type=='民宿':
        return '民宿'
    else:
        if hotel_leave=='3':
            return '三星级'
        elif hotel_leave=='4':
            return '四星级'
        elif hotel_leave=='5':
            return '五星级'
        else:
            return '其他'
```

```
ods_hotel_data["new_hotel_leave"]=ods_hotel_data.apply(
    lambda row: deal_hotel_leave(row['HotelLevel'], row['ProductType']), axis=1)
group_hotel=ods_hotel_data.Amount.groupby([ods_hotel_data['new_hotel_leave']]).sum().
            reset_index()

#旅游资源偏好
#景区预约类型清洗
dim_tourist_category_sql="""
                        select * from dim_tourist_category
                        """
dim_tourist_df=pd.read_sql(dim_tourist_category_sql, engine)
ods_data=ods_data.merge(dim_tourist_df, left_on=['ParkName'], right_on=['tourist_
          areas_name'], how='left')
group_tourist_category=ods_data.Amount.groupby([ods_data['category_level']]).sum().
                       reset_index()
```

实训活动六　游客画像可视化

一、实训目的

本实训的目的是让学生通过对游客画像数据的可视化分析，掌握 Python 数据分析与挖掘中的数据可视化技能。通过实际操作和可视化真实的游客画像数据，学生将能够理解数据可视化的重要性，并学会运用适当的技术工具和方法来呈现数据、发现趋势和传达见解。

二、实训要求

（1）理解游客画像数据可视化的概念和目的，了解数据可视化的基本原则和常用图表类型。

（2）学习使用 Python 的相关库和工具来进行数据可视化，如 matplotlib、seaborn、plotly 等。

（3）导入游客画像数据集，进行数据预处理，包括处理缺失值、异常值和重复值等数据质量问题。

（4）使用适当的图表类型，如条形图、折线图、饼图、散点图等，展示游客画像数据的基本特征和分布。

（5）利用可视化技术进行多变量分析，探索不同变量之间的关系和趋势。

（6）建立清晰、易懂的可视化布局和设计，使得数据呈现更加直观和易于理解。

（7）对可视化结果进行解读和总结，得出相应的结论。

三、实训环境

（1）操作系统：建议使用 Windows、Linux 或 Mac OS。

（2）Python 环境：安装 Python 编程语言的最新版本。

（3）开发工具：选择一个合适的集成开发环境（IDE），如 Jupyter Notebook、PyCharm 等。

（4）数据集：准备一份游客画像数据集，可以是 CSV、Excel 或数据库中的数据，确保数据具有一定的规模和多样性。

四、实训过程

步骤一：年龄结构可视化设计与实现。

使用饼图方式展示游客年龄结构占比，可视化设计效果如图 8-13 所示。

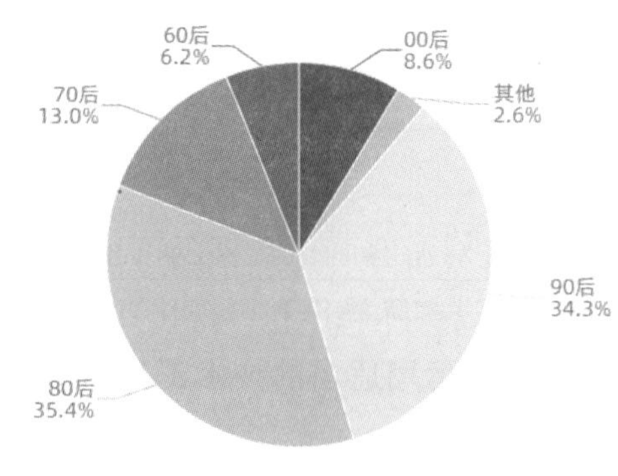

图 8-13　游客年龄结构占比分析

使用 Python 实现可视化代码示例：

```
#游客年龄结构占比分析（饼图）
pie=Pie()
pie.add('', age_list)
```

```
pie.set_global_opts(title_opts=opts.TitleOpts(title="游客年龄结构占比分析"))
pie.set_series_opts(label_opts=opts.LabelOpts(formatter="{b}: {c}"))
pie.render_notebook()
```

步骤二:游客来源可视化设计与实现。

(1)使用列表方式展示省份游客来源排行 Top 10、人数及同比增长率,可视化效果见表 8-1。

表 8-1 游客来源排行 TOP 10

排名	省份	人数	同比增长率
1	浙江省	49 453	21.9%
2	江苏省	47 195	12.4%
3	广东省	37 884	19.7%
4	上海市	30 146	42.1%
5	北京市	29 227	24.8%
6	河南省	23 285	−10.2%
7	山东省	14 513	−4.7%
8	安徽省	12 515	−7.0%
9	湖南省	11 060	23.2%
10	湖北省	10 049	−20.2%

(2)使用柱状图方式展示游客来源排行 TOP 10,可视化效果如图 8-14 所示。

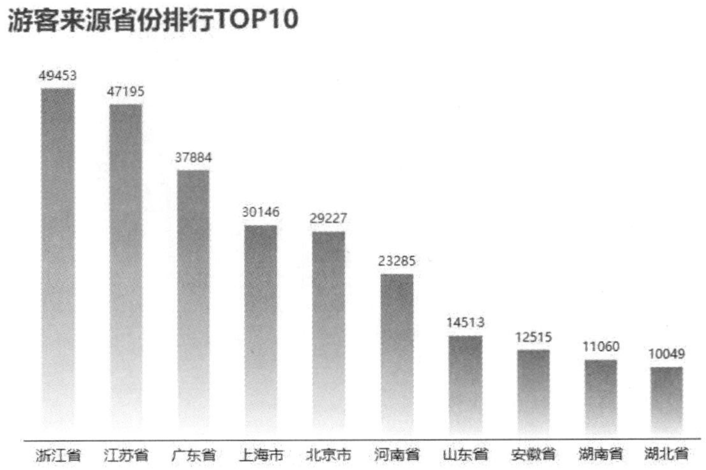

图 8-14 游客来源省份排行

使用 Python 实现可视化代码示例:

```
#列表方式展示省份游客来源排行
table=Table()
headers=['排名', '省份', '人数', '同比增长率']
table.add(headers, t_source_df[['rank', 'Province', 'num', 'create_rate']].values.tolist())
table.render_notebook()

#绘制游客来源地分析柱状图
province=t_source_df['Province'].to_list()
people_count=t_source_df['num'].to_list()
bar=(
        Bar()
        .add_xaxis(province)
        .add_yaxis("游客数", people_count)
        .set_global_opts(title_opts=opts.TitleOpts(title="游客来源分析"))
)
bar.render_notebook()
```

步骤三：游客出行偏好可视化。

（1）出行方式可视化图表设计与实现，如图 8-15 所示。

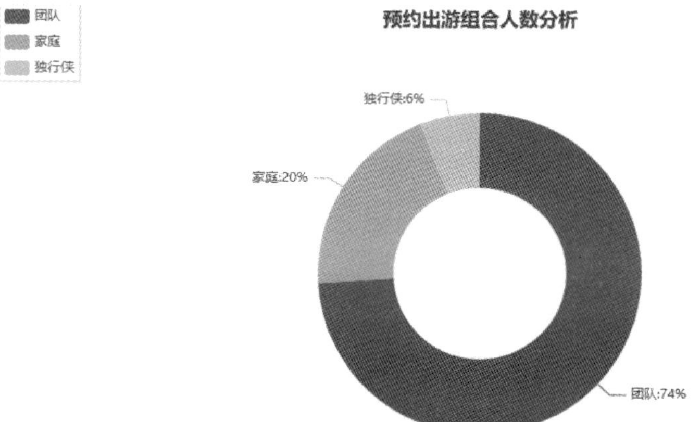

图 8-15　预约出游组合人数分析

使用 Python 实现可视化代码示例：

```
#游客出行方式可视化（环形图）
amount_group_pie=(
    Pie()
    .add('interest', group_amount_group.values.tolist(), radius=[80, 150])
```

```
    .set_global_opts(title_opts=opts.TitleOpts(title="预约出游组合人数分析"
                                   , pos_left="center"),
          legend_opts=opts.LegendOpts(pos_left="left",orient="vertical")

          )
    #设置显示格式为百分比
    .set_series_opts(label_opts=opts.LabelOpts(formatter='{b}:{d}%'))
)
amount_group_pie.render_notebook()
```

（2）出行时间可视化图表设计与实现，如图 8-16 所示。

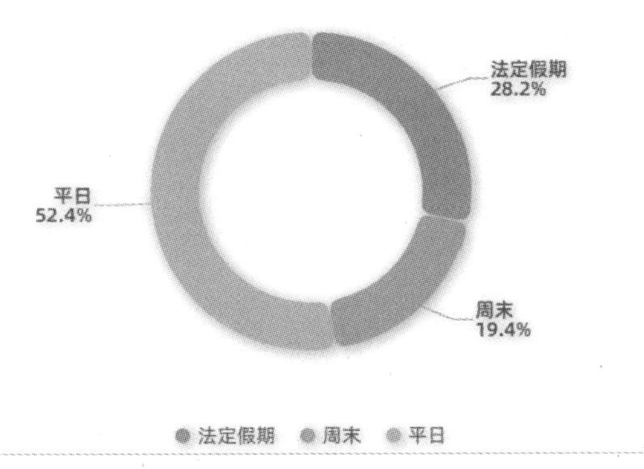

图 8-16　选择预约旅游时间分析

使用 Python 实现可视化代码示例：

```
#出行时间可视化(环形图)
holiday_raw_list=group_holiday.to_dict(orient='list')
holiday_list=[list(z) for z in zip(holiday_raw_list['date_type'], holiday_raw_list['Amount'])]

#绘制日期环形图
holiday_pie=(
    Pie()
    .add('interest', group_holiday.values.tolist(), radius=[80, 150])
    .set_global_opts(title_opts=opts.TitleOpts(title="选择预约旅游时间分析"
                                   , pos_left="center"),
         legend_opts=opts.LegendOpts(pos_left="left",orient="vertical")
```

```
        )
    #设置显示格式为百分比
    .set_series_opts(label_opts=opts.LabelOpts(formatter='{b}:{d}%'))
)
holiday_pie.render_notebook()
```

（3）停留时间可视化图表设计与实现，如图 8-17 所示。

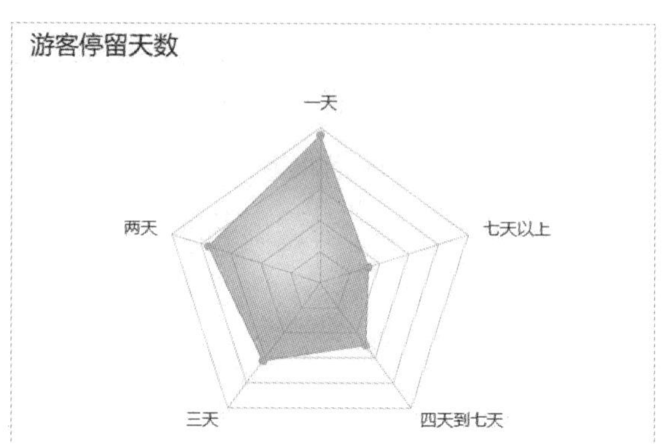

图 8-17　停留时间可视化图表

使用 Python 实现可视化代码示例：

```
#停留时间可视化(雷达图)
stay_values=[{"value": group_stay_length['Amount'].tolist(), "name": "停留时长"}]
#stay_schema=[{"name":d,"max":max(group_stay_length['Amount'].tolist()),
"min":min(group_stay_length['Amount'].tolist())} for d in group_stay_length['stay_length']]
stay_schema=[{"name": '当天', "max": max(group_stay_length['Amount'].tolist()),
             "min": min(group_stay_length['Amount'].tolist())},
             {"name": '七天及以上', "max": max(group_stay_length['Amount'].tolist()),
             "min": min(group_stay_length['Amount'].tolist())},
             {"name": '四天到七天', "max": max(group_stay_length['Amount'].tolist()),
             "min": min(group_stay_length['Amount'].tolist())},
             {"name": '三天', "max": max(group_stay_length['Amount'].tolist()),
             "min": min(group_stay_length['Amount'].tolist())},
             {"name": '两天', "max": max(group_stay_length['Amount'].tolist()),
             "min": min(group_stay_length['Amount'].tolist())},
             {"name": '一天', "max": max(group_stay_length['Amount'].tolist()),
             "min": min(group_stay_length['Amount'].tolist())}
             ]
```

```
#绘制停留时长分析雷达图
stay_radar=(
    Radar()
    .set_colors(["#4587E7"])
    .add_schema(schema=stay_schema, shape="circle")
    .add("", stay_values, color="#f9713c", areastyle_opts=opts.AreaStyleOpts(opacity=
        0.2))
    .set_series_opts(label_opts=opts.LabelOpts(is_show=False))
    .set_global_opts(title_opts=opts.TitleOpts(title="停留时长"))
)
stay_radar.render_notebook()
```

步骤四：游客消费偏好可视化。

（1）住宿偏好可视化图表设计与实现，如图 8-18 所示。

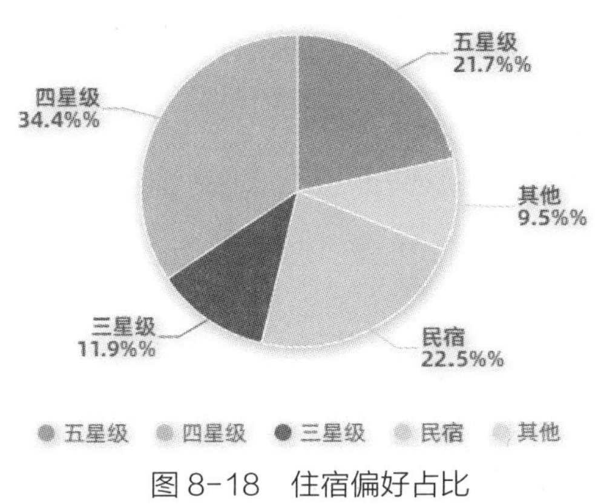

图 8-18　住宿偏好占比

使用 Python 实现可视化代码示例：

```
#住宿偏好可视化（饼图）
hotel_pie=(
    Pie()
    .add('interest', group_hotel.values.tolist())
    .set_global_opts(title_opts=opts.TitleOpts(title="住宿偏好占比"
                                ,pos_left="center"),
        legend_opts=opts.LegendOpts(pos_left="left",orient="vertical")
```

```
        )
    #设置显示格式为百分比
    .set_series_opts(label_opts=opts.LabelOpts(formatter='{b}:{d}%'))
)
hotel_pie.render_notebook()
```

（2）旅游资源偏好可视化图表设计与实现，如图 8-19 所示。

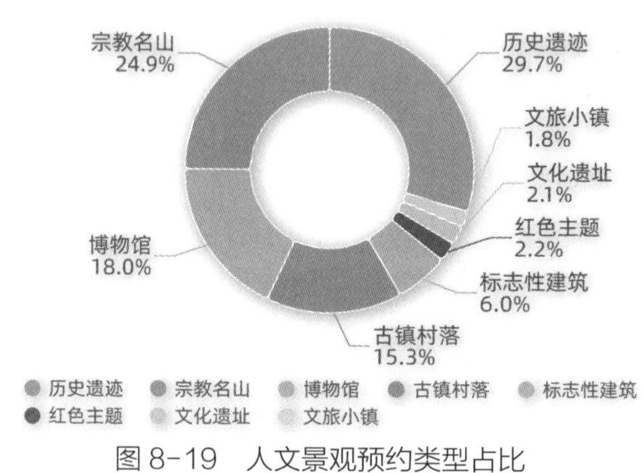

图 8-19 人文景观预约类型占比

使用 Python 实现可视化代码示例：

```
#绘制人文景观预约类型占比环形图
tourist_category_pie=(
    Pie()
   .add('interest', group_tourist_category.values.tolist(), radius=[80, 150])
    .set_global_opts(title_opts=opts.TitleOpts(title="人文景观预约类型", pos_left=
                                "center"),
        legend_opts=opts.LegendOpts(pos_left="left",orient="vertical")
        )
    #设置显示格式为百分比
    .set_series_opts(label_opts=opts.LabelOpts(formatter='{b}:{d}%'))
)
tourist_category_pie.render_notebook()
```

自我检查

自我检查任务表见表 8–2。

表 8-2 自我检查任务表

序号	学习内容	掌握情况
1	MySQL 安装与基本操作	□熟练 □一般 □未掌握
2	Python 安装与配置	□熟练 □一般 □未掌握
3	游客画像数据源及采集方式	□熟练 □一般 □未掌握
4	游客画像数据预处理过程及方法	□熟练 □一般 □未掌握
5	游客画像数据建模与清洗过程	□熟练 □一般 □未掌握
6	游客画像分析内容及实现过程	□熟练 □一般 □未掌握
7	游客画像数据可视化实现过程	□熟练 □一般 □未掌握
8	游客画像分析为例的整体开发过程	□熟练 □一般 □未掌握

项目小结

本项目主要讲解了数据分析的基本环境安装与配置、游客画像数据来源及各种采集方式、数据预处理过程及方法、数据建模方法、游客画像的分析内容及开发实现示例，游客画像分析数据的可视化设计及实现过程。通过本项目的学习，要求读者对游客画像分析的实现过程有整体的认识，能够完成类似的其他数据分析任务。

练一练

一、判断题

1. 游客画像分析是为了掌握游客的特征、消费喜好、消费能力等内容，为旅游营销与推广决策提供数据支持。（ ）

2. 数据分析是对原始数据进行直接统计。（ ）

3. 数据建模是为了更好地满足数据分析需求及分析效果。（ ）

二、简答题

1. 哪些旅游数据可以支撑游客画像分析？简述每类数据的优缺点。

2. 简述游客画像分析的实现步骤。

3. 简述游客画像数据采集方式以及每种数据采集方式的优缺点。

4. 简述游客画像数据预处理的目的及意义。

5. 简述游客画像分析的主要内容及可视化方式图表类型。

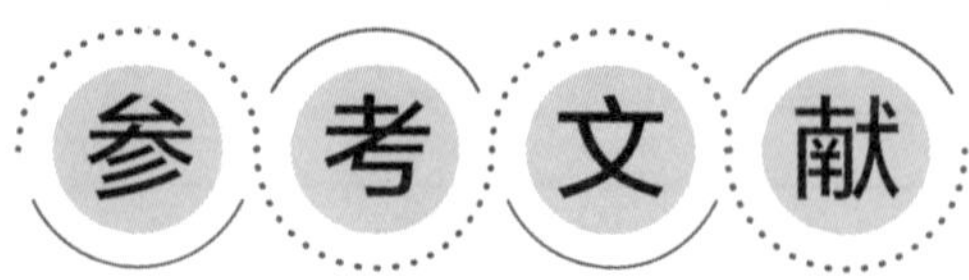

参考文献

[1] 董付国. Python 数据分析、挖掘与可视化(慕课版). 北京:人民邮电出版社,2020.

[2] 吕云翔,李伊琳. Python 数据分析与可视化(慕课版). 北京:人民邮电出版社,2021.

[3] 刘凯洋,刘小华,海龙. Python 数据分析(项目式). 北京:人民邮电出版社,2022.

[4] 安俊秀,唐聃,靳宇倡,等. Python 大数据处理与分析[M]. 北京:人民邮电出版社,2021.

[5] 斯文. Python 金融实战案例精粹[M]. 北京:人民邮电出版社,2020.

[6] 吉田拓真,尾原飒. Numpy 数据处理详解[M]. 陈欢,译. 北京:水利水电出版社,2021.

[7] 黄红梅,张良均. Python 数据分析与应用[M]. 北京:人民邮电出版社,2018.

[8] 雷俊丽,张良均. 大数据数学基础(Python 语言描述)[M]. 北京:人民邮电出版社,2019.

[9] 郑丹青. Python 数据分析基础教程[M]. 北京:人民邮电出版社,2020.

[10] 耿远昊. pandas 数据处理与分析 [M]. 北京:人民邮电出版社,2022.

[11] 李庆辉. 深入浅出 pandas:利用 Python 进行数据处理与分析 [M]. 北京:机械工业出版社,2021.

[12] 黑马程序员. Python 数据分析与应用:从数据获取到可视化[M]. 中国铁道出版社,2019.

[13] 曾文权,张良均. Python 数据分析与应用(微课版)[M]. 2 版. 北京:人民邮电出版社,2021.

[14] 黑马程序员. Python 数据可视化[M]. 北京:人民邮电出版社,2021.

[15] 机器学习——k-means 算法. https://blog.csdn.net/m0_37570854/article/details/88800121.

[16] 数据预处理. https://blog.csdn.net/m0_45993955/article/details/115194394.

[17] 机器学习与数据挖掘——分类与预测模型. https://blog.csdn.net/tongkongyu/article/details/128046171.

[18] Python 机器学习之分类预测. https://blog.csdn.net/weixin_55579895/article/details/122569563.